エピジェネティクス

Amazing Epigenetics
Genes are not all!?
A Mystery of Program of Life

遺伝子がすべてではない⁉
生命のプログラムの秘密

Nakao Mitsuyoshi
中尾光善

【注意事項】本書の情報について

　本書に記載されている内容は、発行時点における最新の情報に基づき、正確を期するよう、執筆者、監修・編者ならびに出版社はそれぞれ最善の努力を払っております．しかし科学・医学・医療の進歩により、定義や概念、技術の操作方法や診療の方針が変更となり、本書をご使用になる時点においては記載された内容が正確かつ完全ではなくなる場合がございます．また、本書に記載されている企業名や商品名、URL等の情報が予告なく変更される場合もございますのでご了承ください．

まえがき

　旧交のある小児科医が集まったときに，ひとりがこう切り出した．「最近，若い人のスタイルが変化してきた？」 幾人かがうなずいた．おそらく，そう感じている方も少なくないのであろう．まもなく戦後70年，徐々に身体的な変化が目に見えるようになってきた気もする．ものの見方というか，考え方もそうかもしれない．実際に，日本人は変わってきたのだろうか．

　子どもや若者の中に，顔立ちは端正，背が高く足長で，スタイル抜群の人がいる．そういう人が増えてきたという感覚である．テレビや映画の中の特別な存在ではなく，ふつうに街を歩く人，ふつうの学生，言わば，私たち自身においてである．

　人類の歴史の中で，こんなに短い間に，目に見えるように，ヒトは変わるのだろうか．もしもそうだとすると，現代人は，ヒトとして大きな変化の時代に生きているということである．

　こう考えている時に，文部科学省による平成24年度「学校保健統計調査」の中に，興味深いデータを見つけた．次のページのグラフを見てほしい．8歳，11歳，14歳，17歳の時の体格（上から身長，体重，座高）について，祖父母世代（55年前），父母世代（30年前），子世代（現在）を比較したものである．この全国的な調査によると，男女ともに，体格の平均値は，祖父母，親，子の順に高くなっている．確かに体格はよくなってきている．

やや意外であったのが，この体格の伸び幅は，祖父母世代から父母世代の間で大きく，父母世代から子世代の間では，少し伸びた程度であることだ．しかも，成長がほぼ完了する17歳の時では，父母世代と子世代の間の差はほとんどなく

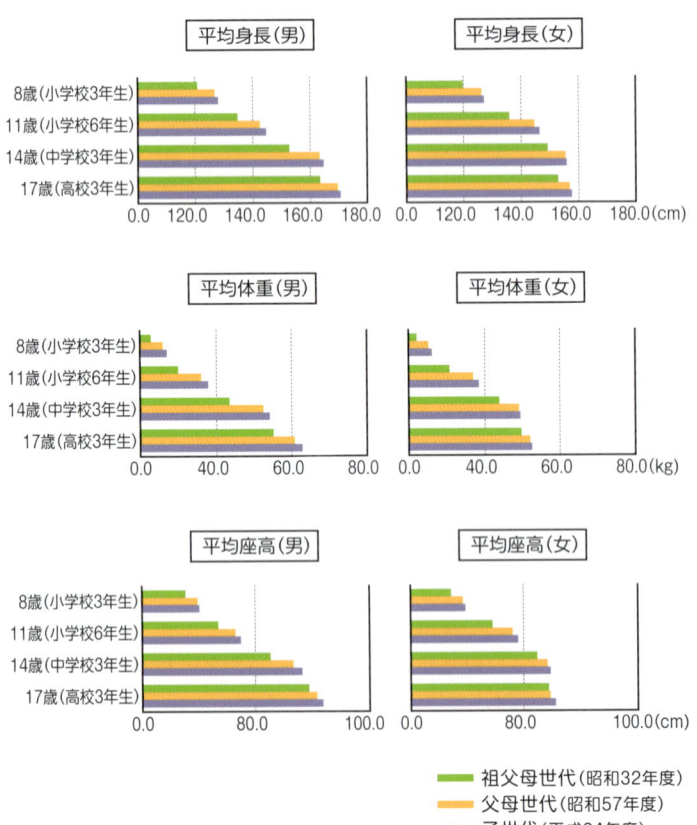

● **日本人の体格は変わったか（世代間比較）**
文部科学省 学校保健統計調査（平成24年度）の「世代間比較」よりデータを引用

なっている．スタイルのよさは，子世代の若者に目立つと思っていたが，実は，その父母世代が獲得した特徴というわけである．祖父母から父母の世代間で起こった変化が，父母世代から子世代に伝えられている．掘り下げてみると，これは科学的にどうしてなのだろう．

　もう少し私たち自身のことを考えてみよう．食べる，動く，眠るというのは，いつもの活動であるが，私たちの身体の中では，目には見えないところで，数多くの細胞や遺伝子が必死に働き合っている．1つ1つの細胞が小さな生命をもっていて，この細胞がすべて合わさったものが私たちひとり分の生命になっているのだ．何とも不思議な現実である．

　「ヒトは，単細胞だった？」その通り，元をたどれば，誰でも1個の細胞であった．1つの受精卵として誕生し，それが60兆個もの細胞に増えて，ヒトひとりの身体がつくられている．そして，成長の中では，大体に同じ時期に，立って，歩いて，言葉を聞いて，話すようになる．学習しながら，知識や社会性を段々に身につけていく．

　それでは，人生の終わりについては，どうであろうか．いわゆる平均寿命が示すように，多くの人がその生涯を終える大体の時期がある．その終わり方も，病気を患うとするならば，がん，心疾患，肺炎，脳血管疾患が主な要因になっている．要するに，人生の中身は違っても，ヒトとしての生涯の枠組みは，誰でもおおむね同じと考えられるのである．

　このように，ひとりひとりに，生まれてから生涯を閉じるまでのラフな予定が準備されている．これを「生命のプログ

ラム（プログラム・オブ・ライフ）」とよぶことにしよう．細胞の集合体としての私たちを運命づけるものである．生命あるものは，一生の間に基本的なイベントがいつ頃起こるのか，大まかに決まっているようだ．このプログラムというものは，いわば，自分の過去であり，現在であり，これからの未来のようでもある．

　私たちの「生命のプログラム」は，生まれつきにすべて決まっているのか？　実はそうではないらしい．食事，運動，嗜好などの生活環境によって，この内なるプログラムは徐々に書き換えられることがわかってきたのである．その際に，プログラムが誤って書き換えられると，メタボや糖尿病のような生活習慣病，がん，脳の病気の発症につながるという考え方が有力になってきたのだ．つまり，このプログラムがどのように働くかで，私たちの在り方が決まってくるというのである．こう考えると，先に述べた日本人の体格の変化について，祖父母から父母の世代間で起こったプログラムの変化が，父母世代から子世代に伝えられたのではないかと想像することもできる．

　では，生来もっている「生命のプログラム」とは何であろうか．本書は，この究極の謎に迫ろうとするものである．人類が，その進化の中で，長い時間をかけて獲得してきたDNAを「ゲノム」とよんでいる．ヒトがヒトであるために，私たちは，共通のゲノムをもっている．これが，ゲノムは設計図であるといわれるゆえんである．ヒトのゲノム上には，約2万5,000個の遺伝子があることがわかった．「ゲノム」を辞

書に例えるならば,「遺伝子」はそこに書かれた単語のようなものである.ところが,単語を無闇やたらに並べても意味をなさないであろう.辞書の中から単語を選んで,文法に従って,意味のある文章をつくることが肝要なのである.

そう考えると,ゲノム上にある遺伝子を選んで使うという,「遺伝子の使い方」が重要なのではないか.どんなタイミングや状況で使うか.どういう組合せで使うのか.そして,この遺伝子の使い方が変更されることがあるのだろうか.これこそが,「エピジェネティクス」とよばれる新しい考え方の核心である.

これから,私たちがもっている「生命のプログラム」について,一緒に考えてみたい.まだわかっていないことが多いので,1つの結論にまとまるものではない.しかし,世界中で最先端の研究が大容量で進んでいるので,驚くべき結果がいつも発表されている.そのため,私たちの生命観に触れる情報やアイデアが満ち溢れている.本書が,生命の不思議な真実について分かち合う一助になれば,この上ない喜びである.

2014年4月
中尾光善

驚異のエピジェネティクス
遺伝子がすべてではない!? 生命のプログラムの秘密
目次

まえがき 3

第1章
遺伝子がすべてか 10
同じゲノムを用いて異なる種類の細胞をつくる自然の極意
- Column サイエンスと日本語

第2章
遺伝子とゲノムの印づけ 38
DNAメチル化とヒストン修飾…遺伝子を自在に使いこなす
- Column はがれ易い接着剤，という大発明

第3章
生まれつきの病気はどう起こるか 66
父親・母親の由来の記録や男・女の在り方を遺伝子に刻む
- Column 老化のプログラム

第4章
万能細胞と臓器をつくる 86
再生医療の鍵となる、細胞のリプログラムとエピゲノム
- Column 変化するということ

第❺章
がんというプログラムの異常 ……112
遺伝子の傷や誤った印づけによる、がん発症と悪性化の真実
- Column　嵐の中に咲く花もある

第❻章
食事はメモリーされる ……144
栄養という環境因子と私たちの体質の間にある密接な関係
- Column　温故知新，時代はめぐる

第❼章
ストレスと脳の働き方 ……170
人生経験や受ける愛情で遺伝子の働きが変わっていく不思議
- Column　氏より育ち

第❽章
診断と治療につなぐ ……186
〈エピジェネティック〉な新発見がこれからの医療を進める
- Column　次世代の研究を拓く

あとがき ……206
参考図書・文献 ……208
索　引 ……212

1

遺伝子が すべてか

ヒトの誕生と双生児

　家族連れを見ると，顔かたちや体型がよく似ていると思うことがある．老若男女の違いはあっても，きっと親子だろうと確信したりする．日頃の会話の中でも，誰が父親似，誰が母親似という言葉はよく使われるものだ．さらには，このような外見だけでなく，眼には見えない心のあり方や考え方まで，親から子へと受け継がれるものがあるかもしれない．お母さんに似て，この子は芯が強い……など．血のつながりというか，「遺伝子」が決める部分は大きいのではないか．そもそも遺伝子とは，姿形をはじめ親から子へ特徴を伝えるもの，という意味である．

　そうであれば，遺伝子が私たちの在り方の全てを決めるのだろうか．この疑問に見事に答えてくれるのが，一卵性双生

児の話である.知り合いにいるという方も少なくないであろう.おおまか,一卵性双生児は,国・人種を問わず,出産1,000に対して4組程度の頻度で生まれている.双子といえば,一卵性と二卵性があるが,その誕生のメカニズムは明らかに異なっている(**図1-1**).一卵性双生児は1つの受精卵に由来するため,性別も同じで,見た目もそっくりである.もともとは,全く同一の存在なのである.他方,二卵性双生児は異なった2つの受精卵から生まれるため,性別も異なることがあり,いわば,普通の兄弟姉妹と同じである.

どのように一卵性双生児が生まれるのか.私たちが誕生する最初のステップを思い描いてみよう.まず,母由来の卵と

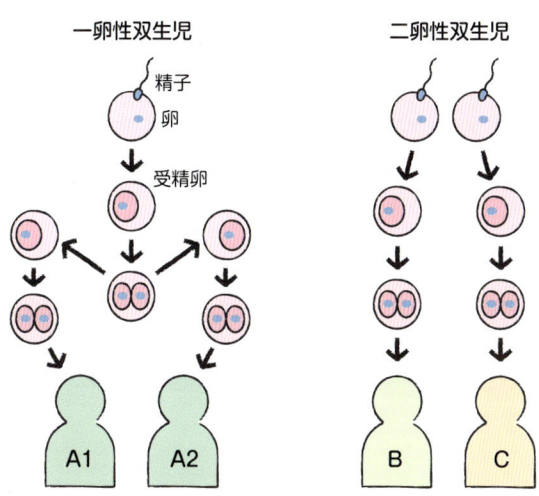

図1-1●双生児の誕生

父由来の精子が一緒になって，受精卵という，1つの"種"のような細胞ができる．写真は，マウスの受精卵から，2細胞，4細胞，8細胞，16細胞と，2倍数に分割されながら，全体が球状の細胞の塊になっていくところである（**図1-2**）．ヒトの誕生も，基本的には同じ仕組みである．これが，私たちの人生の中で最初に起こる出来事なのである．

　次に，この受精卵から，将来の赤ん坊になる胎児とその育成用のベッドにあたる胎盤の両方がつくられる．胎児は，胎盤を通して，自らの成長に必要な酸素，水，栄養，ホルモンなどを母体から受けとっている．この両者を結びつけるものが，さい帯である．さい帯はへその緒ともよばれるように，胎児の付属部である．このように，ヒトひとりの全部が，元を正せば受精卵という1個の細胞に由来している．私たちは皆，最初は単細胞であったというのが事実なのである．そして受精卵は，全ての種類の細胞になることができるので，その能力を「全能性」とよぶ．つまり，受精卵には，あらゆる組織をつくって，ヒトひとりを完全に形成する能力があるということだ．

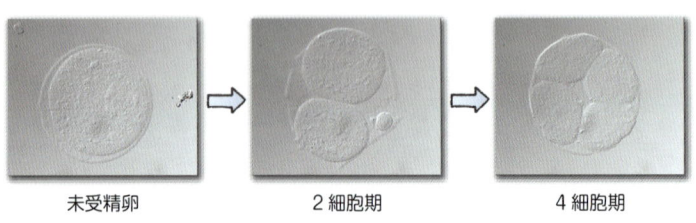

未受精卵　　　　　　2細胞期　　　　　　4細胞期

図1-2●マウスの初期発生

受精卵が1回分割すると，2つの細胞になる．この2細胞期では，両方の細胞がそれぞれに「全能性」を保持している．いずれか1個の細胞からでも私たちの身体の全てができるのである．4細胞期より以降の細胞では，この全能性は次第に失われていく．卵割して生じる細胞の塊の中で，各々の細胞の運命が段々に決まっていくためだ．例えば，2細胞期の2つの細胞が何かの偶然に離れてしまい，個別に成長した場合に，一卵性双生児が生まれるのである．つまり，全く同じ遺伝子をもったふたりということになる．

一卵性双生児は同じか

双生児のふたりが同じか，違うのか．古くから，色々と注目されるところであった．そのため，超音波検査やDNA診断などがなかった時代でも，出産に立ち会う医師や産婆は一卵性か二卵性かを大体区別してきた．受精卵が子宮内に着床する頃には，胎盤の基ができているので，一卵性の場合には，通常，胎盤は1つである．つまり，双子は1つの胎盤を共有していることが多いのだ[※1]．この時，双子は同じ胎盤を通して母体から栄養分を受けることになるので，栄養分の行き先が一方に偏ってしまうと，双子間で体重の差が大きくなるという心配な問題が起こることもある．他方，二卵性の場合に

※1 2つに分かれる時期によって，胎盤が2つの場合もある．

は、2つの受精卵が別々に着床するので、通常、胎盤も2つできる。このように、赤ん坊と胎盤の状態を観察すると、一卵性か二卵性かは、経験的にわかったわけである。

　出生時に大きな違いがなくて、その後の成育環境も同じならば、一卵性の双子はよく似ている。いつも双子に接する人を除いては、このふたりをすぐに区別するのは難しいほどだ。ところが、年齢が進んで、学校、職場、結婚、引越しなど、生活の中身が段々と異なってくる。これらの環境の変化は、双子のふたりに次第に違いをもたらす（図1-3）。もちろん、双子の似ている面は生来に続いていくが、生活習慣や社会経験に基づいたところが異なってくるのだ。例えば、文章や絵のかき方、計算や運動の能力、嗜好や考え方が同じではなくなるのである。また、双子の健康状態についても、片方だけが特定の病気にかかることもある。一卵性双生児のひとりが、ストレスが誘因になるような躁うつ病などの精神的な病気にかかるといった場合もある。医学的に一卵性双生児が注目されるのは、このような例を分析すること

図1-3 ●一卵性双生児の不思議

で，どこまでが遺伝で，どこからが環境によるのか，客観的に考察できるからである．

1990年代になると，ヒトの遺伝子に関する研究が急速に進歩してきた．一卵性双生児についても遺伝子レベルの研究が行われるようになった．その1つの例が，「副腎白質ジストロフィー（ALD）[※2]」とよばれる病気をもつ一卵性双生児についての研究報告である．この病気は，X染色体にあるALD遺伝子に異常が起こって発症することがわかっている．数万人にひとりの稀な神経難病で，ほとんどの患者は男性という特徴もある．

ある報告は，ALDの双子の兄がこの病気を発症したが，その弟は症状もなく経過しているという内容であった．また別の報告では，同じALD遺伝子の変異をもつ双子でも，症状の重さが全く違っていた．このように，病気の原因になる同じ遺伝子をもった一卵性双生児のふたりにおいて，病状に明らかな違いが生じたのだ．理論的には，同じ病気の遺伝子をもつ一卵性双生児は，ほぼ同じ時期に病気を発症して，同じような経過をたどると予想されるが，実際はそうではなかったのである．

2005年，スペイン国立がんセンターのマネル・エステラらは，欧州の一卵性双生児について詳しい解析を行った．この調査には，80人のボランティアの白人双子（3〜74歳）が

[※2] ALDとは，脳や脊髄に病的な変化が起こり，副腎とよばれる組織の障害が生じる病気である．副腎は，その名前のように，腎臓の上に位置する小さな組織であり，生命に欠くことのできないホルモンを分泌している．

同意のうえで協力してくれたのである．その結果によると，年齢を経るとともに，一卵性双生児のふたりの健康状態に違いが出てくることが確認された．血液や皮膚の細胞を用いて詳しく調べてみると，遺伝子の状態（正確には，**2章で述べる遺伝子の印づけのこと**）が，年齢とともに，双子間で違ってきていた．つまり，一卵性双生児のふたりに物理的な違いが生じてくるというのだ．

こうして一卵性のふたりは，元は全く同じであるが，次第に違いが生じることが科学的に解明されてきた．一卵性という特別な場合であるが，双子の研究は，ヒトは生まれた後の生活環境で変わるという一般的な法則を導いてくれた．このように，特別な例から普遍的な真実が明らかになることは案外に多いものである．

兄弟姉妹が似て異なる理由

次に，親子や兄弟姉妹については，どうであろうか．家族はもっとも身近な存在であり，親から子，子から孫と，遺伝子は代々に受け継がれている．このため，親子や兄弟姉妹は，どこか似ているものだ．その一方，同じ兄弟姉妹であっても，外見や得意なことが大きく違うという場合もある．同じ両親から生まれて，同じ環境で育って，確かに違っているのだ．このように"似て異なる個性"はどのようにできるのだろうか．

親子や兄弟姉妹で，この似て異なるところをつくる仕組み

が、「遺伝」なのである．文字通り，子孫に遺して伝えるという意味だ．何代経っても，ヒトの子はヒト，イヌの子はイヌ，トリの子はトリであるのも，その生物種に特有のゲノムが，親から子に伝えられるからである．つまり，「ゲノム＝設計図」であり，このゲノムの中に「遺伝子」がある．そして，ゲノムはDNA（デオキシリボ核酸）でつくられる．

　ここで，ゲノム，遺伝子，そして染色体という3つの言葉を整理してみよう（**図1-4**）．例えば，ゲノムが「辞書」であれば，遺伝子はそこに納められた「単語」のようなものである．そして，各々の単語は，日本語の辞書ならば50音順，英語の辞書ならばアルファベット順にグループ化されている．このように，一群の遺伝子をまとめたのが染色体であり，辞書の「見出し（索引）」に相当する．1つの染色体には，決

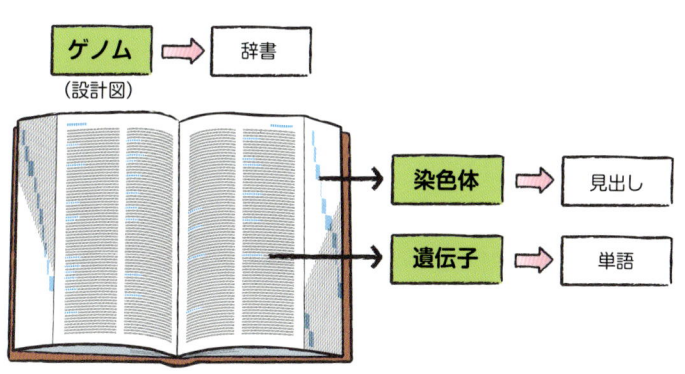

図1-4 ●ゲノム・染色体・遺伝子
本書の核心であるエピゲノムについては，おって説明していく

まった遺伝子のグループが含まれる．つまり，複数の「遺伝子」をグループ化したのが「染色体」であり，全ての遺伝子を含んだものが「ゲノム」なのである．

　親子や兄弟姉妹における遺伝の話に戻ろう．遺伝という現象は，次の世代に生命をつなぐ，意義の深いものである．母親と父親から子に，半分ずつのゲノムが伝えられる（後で詳しく述べる）．この半分のゲノムを伝えるのが，卵および精子という「生殖細胞」である．生殖細胞とは，遺伝のために特化した究極の細胞といえよう．他方，生殖細胞以外で，私たちの身体を構成する全ての細胞をひとまとめにして，「体細胞」とよんでいる．これには，皮膚，血液，肝臓など，様々な細胞が含まれている．

　遺伝には，実に色々な面がみられる．親の特徴を子が同じように受け継ぐ場合もあれば，親にみられない特徴を子が新たに獲得する場合もある．諺にも，「似たもの親子」といったり，逆に「鳶が鷹を生む」といったりである．そして，背が高い，太り気味，走るのが速い，絵が巧いなど，他の人と区別できる特徴を「形質」という．同じ両親から生まれた兄弟姉妹が，似て異なる形質をもっているのはなぜであろうか．それには，次のような理由があるのだ．

　ヒトの体細胞は，46本の染色体をもっている．他方，卵と精子という生殖細胞は，その半分の23本の染色体をもつ．この生殖細胞がもっている半分のゲノムというのは，大きさの順に並べた1番〜22番染色体に，X染色体またはY染色体のいずれか1本が加わったものである．この1番〜22番染色体

を常染色体，性別を決めるX染色体とY染色体を性染色体とよんでいる．このため，体細胞のゲノムは，2本ずつの常染色体と，女性ならばXX，男性ならばXYという2本の性染色体で構成されている．だから，染色体の型を，女性では（46, XX），男性では（46, XY）と記載するわけである．ヒトは，全部で46本の染色体をもっており，女性ならばXX，男性ならばXYが含まれるという意味である．ヒトが生まれる最初の過程で，卵と精子が合体して受精卵になり，体細胞ができてくる．つまり，23＋23＝46本，数的にちょうど合うのだ（**図1-5**）．

兄弟姉妹の似て異なる形質は，生殖細胞が親からもってくる染色体による．卵，精子の元になる細胞は，それぞれ，卵原細胞，精原細胞とよばれている．これらの細胞から卵や精子ができる過程で，染色体の数が半分になるのである．染色体の数が46本から23本に半減するため，これを「減数分裂」という．この減数分裂の過程で，たいへん不思議なことが起こる．同じ番数の染色体がペアとなって一列に並んで，そのペアの間で高頻度にDNAの組換えが起こるのだ．この組換えは，ほぼランダムに起こる．こうして組換えられた後に，1番～22番染色体と性染色体を1本ずつ，生殖細胞が受け取ることになる．つまり，親がもつ2本ずつの染色体をそのまま1本受け継ぐのではない．卵も精子も，組換えられた後の1セットの染色体をもってくるのである（**図1-6**）．

親がもっている2本ずつの染色体は，そのまた親（子から見れば，祖父母）から受け継いでいる．ということは，祖父

母が親に与えた染色体が,親の世代で組換えられて,それをまた子が受け継いでいるわけだ.私たちはその祖先からの染色体を世代ごとに組換えながら受け継いでいくのである.

こうして,親とは異なるように加工された染色体が,卵や

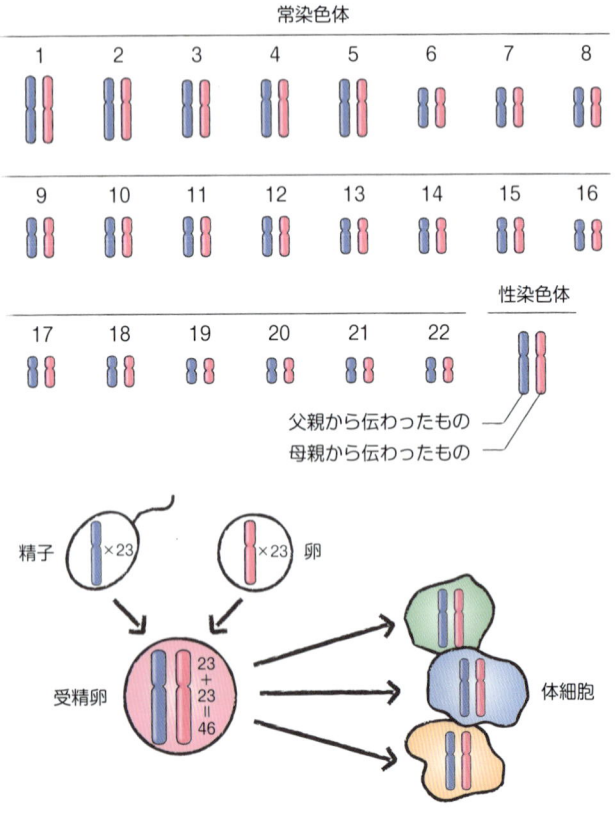

図 1-5 ● ヒトの染色体

精子に伝えられるのだ．1番染色体，2番染色体……など，各々の染色体の容れ物は同じでも，中身は適度に組換えられている．この組換えはランダムなので，1つ1つの生殖細胞は，それぞれ異なって組換えられた染色体の1セットをもっている．このため，兄弟姉妹では，同じ部分もあれば，違う部分もある染色体を両親から受け継ぐことになる．その結果，まさに，似て異なる形質がつくられるというわけである．

したがって，兄弟姉妹にみられる違いは，生殖細胞がもってくる染色体の組換え方によるところが大である．二卵性双生児の場合もこれと同じである．「ゲノム＝設計図」が，生

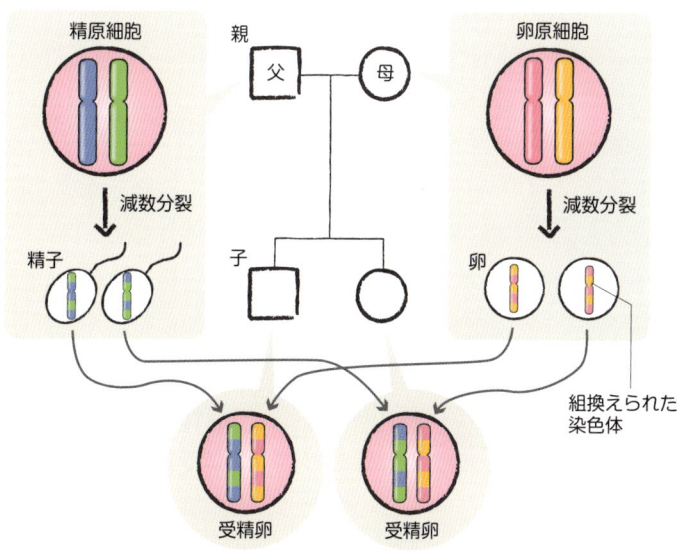

図1－6 ●親の染色体は組換えられて子に伝わる

まれつき，ある程度に違っている．ところが，一卵性双生児のふたりに生じる違いは，このようなゲノムによる違いではない．生まれつきに，同じゲノムをもっているからである．つまり，生まれた後に違いが生じてくる．このため，一卵性双生児の例は，私たちの在り方が遺伝子だけでは決まらないことを実証してくれるのだ．

細胞の「運命」とは

　遺伝子が全てか．この問いに対して，もう1つの答えは，私たちの身体自体にある．元をたどれば，1個の受精卵から多くの種類の細胞をつくり出して，組織や器官が形成される．こうして身体がつくられる過程が「発生」である．ヒトひとりの身体は，どのくらいの細胞で構成されているのだろうか．最終的に，200種類以上，総勢で60兆個の細胞で構成されているという．数的には，1個が60兆個に増えるという，目覚ましい変化である．しかも，単に数が膨大に増えるというだけではない．200種類以上の細胞が立体的に正しく配置されるという，身体つくりは，まさに精巧な工程なのである．ある細胞が分裂して，次の細胞になって，また次の別の細胞になる．これらの細胞が適材適所に移動して位置する，という工程を繰り返す．発生の過程では，この細胞が次にどんな細胞に変化するかという運命づけ，すなわち，「細胞の分化」が行われる．このため，親，子，孫，ひ孫の細胞とつながっ

ていくので，まるで細胞の家系図（系譜）のようである（図1-7）．

　私たちの身体を構成する体細胞は，基本的に同じ「ゲノム」をもっている．正確にいうと，リンパ球など免疫系の細胞，そして生殖細胞だけは，独自にゲノムを組換えることができるが，その他の体細胞は全て同じゲノムを保持している．そう考えると，同じ設計図をもつにもかかわらず，身体の中に200種類以上の異なる細胞が存在するのは，どうしてだろうか．皮膚，血液，肝臓の細胞など，形も働きもきわめて個性的である．ゲノムや遺伝子が同じであっても，性質の違う細胞として存在している．つまり，細胞が運命づけられる発生の過程において，ゲノムや遺伝子が全てではないのである．

　ヒトの発生を直接に調べることはできないので，モデルの生物を用いて研究が進められてきた．例えば，大腸菌や酵母のように，1個の細胞からなる単細胞生物もある．単細胞と

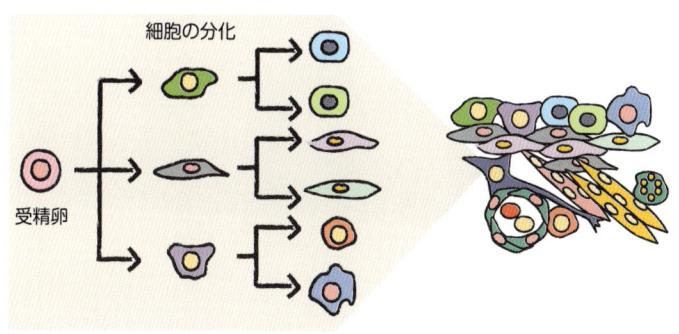

図1－7●細胞の家系図（系譜）

はいっても，パンや発酵食品で注目される酵母は，増殖したり，栄養が枯渇すると胞子になったり，細胞同士で融合したりと，複雑な生活サイクルをもっている．細胞数がやや多いところでは，線虫という生物がある（**図1-8**）．これは，文字通りに，細長い虫で，大半は土壌中や水中に生息している．1,000個程度の細胞で構成される身体には，神経もあれば，口から消化管，生殖腺も形成されている．肉眼ではやや見づらいが，虫眼鏡で容易に観察することができるので，線虫は，研究上のモデル生物として重宝されているのだ．というのも，線虫は，1,000個の細胞の系譜，つまり，受精卵から始まって各々の細胞が将来何になるのかが全て解明された多細胞生物なのである．

　線虫を観察する中で，驚くべきことが見つかった．それは，細胞が自ら死んで消失するという運命づけである．この「プ

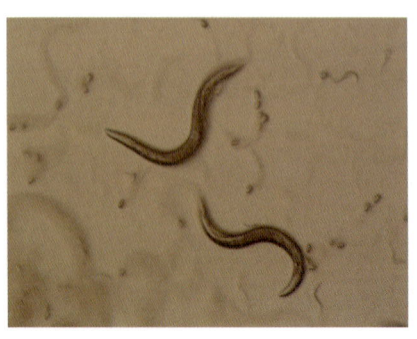

図1-8●線虫
体長1mmくらい．写真は熊本大学・山中邦俊博士の厚意による

ログラムされた細胞死(アポトーシス)」を発見したことから，シドニー・ブレナー，ロバート・ホロビッツ，ジョン・サルストンの3氏が2002年ノーベル生理学・医学賞を受けたのである．モデル生物で発見された細胞死という運命づけは，その後，ヒトの発生の過程にもあることがわかった．例えば，手の5つの指ができる過程では，最初は指の間が埋まった状態で形成されるが，その後の細胞死によって，指の間の細胞が失われることで，5本指が完成するのである(**図1-9**)．

あらためて，自分の手を見てほしい．皮膚，爪，骨，神経，筋肉，血管，関節などを形成する多くの種類の細胞でつくられて，これらが適材適所に配置されている．そして，指の間の細胞は，発生過程で自ら失われているのだ．このように，身体を構成する細胞は，基本的に同じゲノムや遺伝子をもっているが，それぞれ異なった性質や運命を獲得している．つまり，細胞の在り方もまた，私たちの形質が遺伝子だけでは決まらないことを示してくれる．

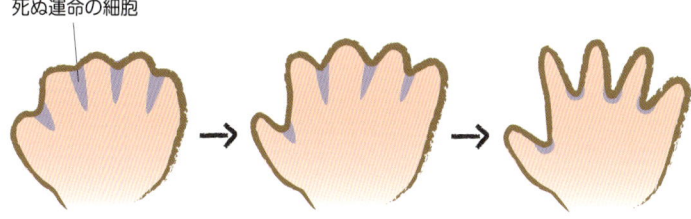

図1-9●ヒトの手ができるまで

細胞の運命を左右する「発生のプログラム」

　細胞の運命について，もう少し考えてみよう．ヒトは，約40週の妊娠期間の中で，身体の全てが順序よく形成されていく．その身体づくりの工程の中で，全ての細胞の運命づけがなされている．どの時期に，どの細胞がどう分化して，組織や器官をつくるのか，大まかに決められている．これを，「発生のプログラム」とよぶことにしよう．このプログラムは，細胞の運命づけを順序立てて進行させる筋書きのようなものである．一般に，「プログラム」とは，コンピューターが行う計算処理を順序立てて記述したものだ．また，コンサートや運動会などの計画や予定の意味で使われることも多い．全ての過程がプログラム通りに行われると，無事に完了できる．

　プログラムがあると，どんなメリットがあるのか．進行状況はどうか，時間も予定通りか，何か問題はないかなど，途中で点検できる．ところが，こうして注意深く進めていても，予期しないハプニングが起こることがある．何かが足りない，なぜか中断した，など．これと同じように，発生の過程でも，懸念される事態が起こりうる．なぜならば，胎児の組織・器官の基礎が形成される時期は，特に外界の影響を受けやすいからである．発生過程の中で外界の影響を感じやすい時期を「臨界期」とよんでいる．ヒトでは，大まかに妊娠初期の12週頃までである．この時期に妊婦がアンバランスな食事をとっ

たり，アルコールやタバコ，薬やレントゲンを受けるならば，成育中の胎児に重大な影響を及ぼしやすい．もしも発生のプログラムに誤りが起こると，胎児の生命が失われる場合もあれば，その子が病気になりやすい"素因"をもつ可能性があるのだ．

　最近，風疹の流行が注目されている．三日はしかとよばれるように，発熱，発疹，リンパ節の腫れが主な症状である．風疹は，一度かかると，再びかかることは稀である．しかし，軽い場合は風邪のような症状なので，本当にかかったのかは，案外と明確ではない．普通の健康な人が大人になってからかかったとしても支障はないが，妊娠初期の女性が風疹にかかって，胎児も風疹ウイルスに感染すると，大きな問題を生じることがある．先天性心疾患，高度の難聴，白内障，そして発育や発達の遅れをもった赤ちゃんが生まれる可能性があるのだ．これを先天性風疹症候群とよんでいる．おそらく，風疹ウイルスが，発生のプログラムに影響を与えるからであろう．有効な治療法がないので，妊婦の感染予防が第一なのである．免疫のない人や感染歴の定かではない人には，前もってのワクチン（予防接種）が推奨されているのだ．このように，「発生のプログラム」に影響を与える因子を知ることは，私たちにとって大切なことなのである．

　受精卵からスタートして，細胞が2，4，8，16……個と増殖し，将来の胎児になる初期胚が形成される．この工程はどのように進むのだろうか．この初期胚の中の空間的な位置によって，細胞は3つのグループにわかれていく（**図1-10**）．

外側，内側，その中間にある細胞群である．外側は皮膚や神経などになる外胚葉，内側は消化管や内臓などになる内胚葉，これらの中間は筋肉や骨，血液などになる中胚葉とよばれる．多くの細胞が，頭から足の先まで，前後・左右にきちんと配置されているのだ．ヒトとして生まれる前に，発生のプログラムに従って，このような超人的な工程が実行されている．古くから研究者は，このような発生の仕組みを理解しようと挑戦してきた．これを明らかにすることは，ヒトや生物がどういう存在であるのかという，生命の根幹を知ることでもある．そして，発生の仕組みを知ることは，損傷した臓器を修復する，つまり「発生を再現してつくり直す」という，将来の再生医療を実現する考え方に直結していくのである（**4章**を参照）．このような発生の仕組みの本体が，「発生のプログラム」に他ならない．

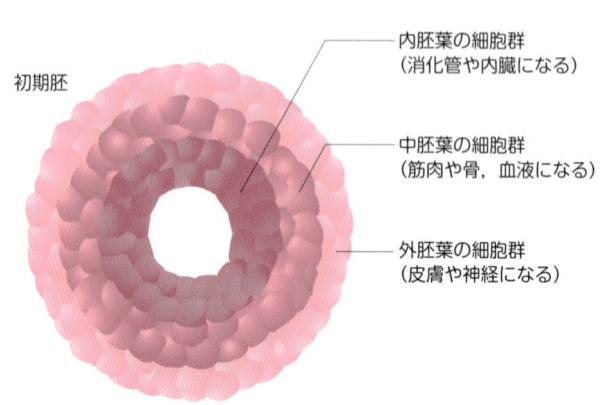

図 1 − 10 ● 初期胚の 3 つの細胞群

ワディントンの考え方
―エピジェネティクスことはじめ

　ここまで述べてきたとおり，私たちの在り方は，生まれつきのゲノムや遺伝子で全て決まっているわけではない．同じゲノムをもった一卵性双生児にも違いが生じる．また，発生の過程では，同じゲノムをもった細胞がいろんな種類の細胞に分化することで，身体がつくられる．これらについて，どのように理解したらよいのだろうか．

　先に述べたように，「ゲノム」を辞書とするなら，「遺伝子」はそこに書かれた単語である．ところが，辞書の中の単語をいつでも全て使うわけではない．また無闇に並べても，意味をなさない．単語の意味や文法に従って，適切に選んでつなげることで，文章ができる．言語というのは，誰もがわかる約束事のうえに成立するものである．これと同じように，遺伝子を選んで，順序よく働かせるという「遺伝子の使い方」が重要なのではないか．こう考えると，同じゲノムをもった細胞が，遺伝子の使い方を変えることで，異なる細胞に変化すると説明できそうだ．では，ゲノムと遺伝子とは，具体的に何なのであろうか．

　私たちの細胞の1個1個にゲノムがある．この設計図としての「ゲノム」は，「DNA」で構成されている（**図1-11**）．1953年にジェームズ・ワトソンとフランシス・クリックの両氏が提唱した二重らせん構造をもった分子である．DNAの

実体が明らかになったことは，人類の歴史の中でも，20世紀最大の発見といわれるものだ．1962年，彼らは，モーリス・ウィルキンスとともに，ノーベル生理学・医学賞を受けた．DNA分子は，グアニン（G），アデニン（A），チミン（T），シトシン（C）という，4つの塩基が様々な順番で連なった核酸であり，この塩基の配列が，いわゆる，設計図の本体なのである．「遺伝子」とはこの設計図のうえで，特に意味のある部分をいう．

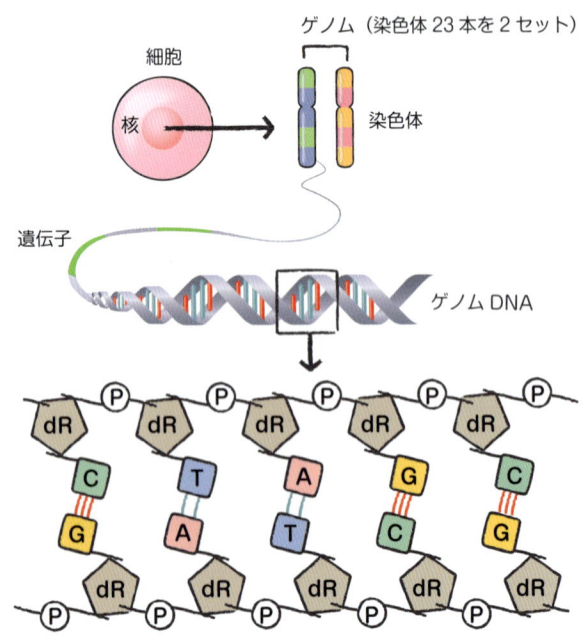

図1-11 ●デオキシリボ核酸（DNA）

各々の塩基はデオキシリボース（dR；糖の成分）と結合しており，リン酸（P）を介してつながることで，1本の鎖のようなDNAが形成される．さらに，アデニンとチミンの間，そして，グアニンとシトシンの間は水素分子を介して緩く結合することができる．例えば，GATCGとCTAGCという配列のDNA鎖が2つあったとする．これを上下2段に重ねてみると，左から順番にGとC，AとT，TとA，CとG，GとCというように，水素を介して結合する塩基のペア（塩基対）を形成することができる．こうして，ペアを形成する2つのDNA鎖があると，安定な2本鎖のDNAを形成するのだ．このような原理に従って，ヒトを含む多くの生物のゲノムができあがっている．

同じゲノムをもつにもかかわらず，発生の過程で異なる細胞が生じるのは，なぜだろうか．1942年，英国エジンバラ大学のコンラッド・ワディントン（1905-1975）が，この大きな命題に対する有力な考え方を提唱した．「エピジェネティクス」という言葉を初めて用いたといわれている．この名称の由来は，次のようである．「エピ（epi-）」とは，ギリシャ語で【〜の上】という接頭語であり，「ジェネティクス」が【遺伝学】である．つまり，"従来の遺伝学の上にあるもの"という意味である．従来の遺伝学とは，大まかに「メンデルの法則」（グレゴール・ヨハン・メンデル，1822-1884）と考えてよい．すなわち，エピジェネティクスとは，遺伝因子（現在の遺伝子）で生物現象を説明していたところに，もう1つの環境因子を加えた理論であった．まだDNAの本体も知ら

れていなかった時代のことである．

　ワディントンは，具体的にどう考えたのか．"遺伝因子と環境因子の相互作用によって，細胞の運命づけがなされる"と提唱したのである．その当時は，発生の過程で細胞が分化する際，遺伝因子を維持しているのか，あるいは，その一部を失うことで分化していくのか，いずれも遺伝因子を中心に考えられていた．こういう中に，彼は，遺伝因子と環境因子が組合わさって細胞が発生分化すると論じたのである．

　ワディントンの考え方を表しているスケッチ画を紹介しよう（**図1-12**）．山と谷間を描いた風景の中に，1個のボールが置かれている．谷間を転がるボールを思い浮かべてほしい．遺伝因子と環境因子の相互作用によって，細胞の運命がどちらに転がるかが決まって，段々に分化していくイメージが湧き出るであろう．この絵は，「エピジェネティック・ランドスケープ」とよばれるものである．

　日本語では，＜エピジェネティック＞を"後成的"と訳すことがある．そうすると，「エピジェネティクス」は"後成的遺伝学"である．どうしても，本来のニュアンスが伝わり難いことから，カタカナで表記することが多い．ワディントンの理論を原点として，エピジェネティクスの研究は，今や世界中で目覚ましく進展するようになった．生命を理解するうえでの欠かせない考え方になったといっても，過言ではないであろう．

第 1 章 遺伝子がすべてか

1942年 エジンバラ大学
コンラッド・ワディントン

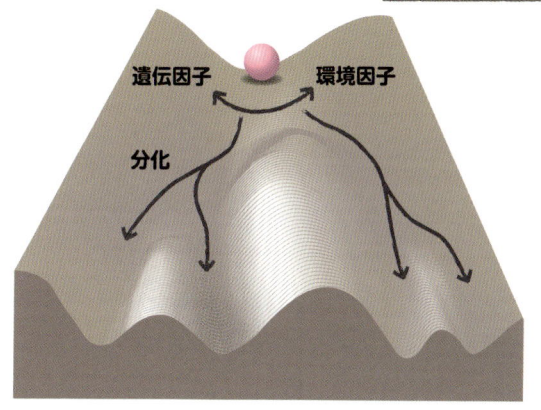

図1−12●エピジェネティック・ランドスケープ

＜エピジェネティック＞に込められた意味

　身体の中の細胞が，固有の働きをきちんと果たしてくれることはきわめて重要である．皮膚，血液，肝臓の細胞が，いつの間にか他の細胞に変わってしまっては困るわけだ．その一方で，細胞は外界の環境から様々な刺激を受けている．刺

激を受けた細胞は，これに柔軟に応答する必要もある．こう述べると，細胞は変わりやすいと思うかもしれないが，基本的にそうではない．すでに運命づけられた細胞の個性は変わらないというのが原則なのである．

その一方で，細胞が運命づけられる途中では，どうだろうか．細胞の性質は大きく変化するので，これを「細胞のリプログラム」とよんでいる[※3]．リプログラムとは，"プログラムの変更"ということである．実際に，その例を見てみよう（**図1-13**）．

マウスのES細胞[※4]が，神経幹細胞，そして神経細胞に分化している．細長い神経突起を伸ばしてくる．脂肪前駆細胞は，大きな脂肪を蓄えた脂肪細胞に分化する．また，筋芽細胞は分化して，太く長い筋線維の管を形成する．他方，皮膚から採取した線維芽細胞が何回も分裂を繰り返すと，老化した状態になる．さらには，京都大学の山中伸弥教授のグループが用いた4つの転写因子を線維芽細胞に導入すると，いわゆるiPS細胞（人工多能性幹細胞）を作製できる．細胞の老化の逆方向なので，細胞の初期化とよばれている．最後は，正常の肺胞上皮細胞から前がん状態の細胞，そして肺がん細胞への変化である．

このような「細胞のリプログラム」に共通していることがある．それが＜エピジェネティック＞に込められた意味であ

[※3] リプログラムというと，次にふれるiPS細胞のように，分化細胞の初期化をイメージされるかもしれない．本来は，ここで述べるような細胞の＜エピジェネティック＞な変化全般を表す言葉である．

[※4] 初期胚から取り出して培養した幹細胞．

第 1 章 遺伝子がすべてか

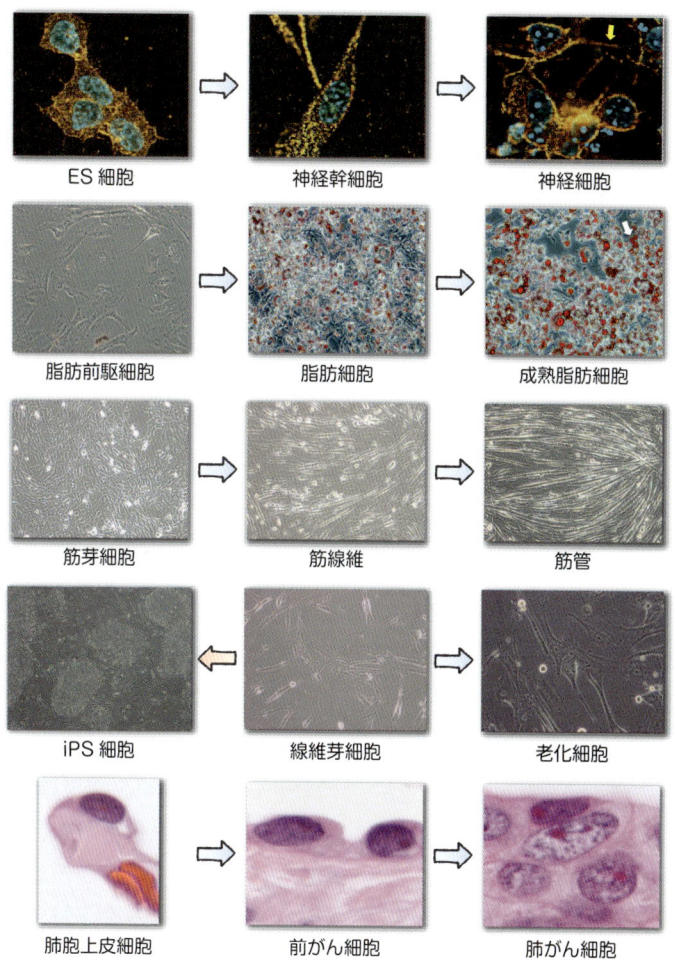

図1−13●細胞のリプログラミング
黄色矢印が神経突起，白矢印が脂肪（赤い粒）を示す．最上段の3パネルはAoto T, et al：Dev Biol, 298：354-367, 2006より転載，最下段の3パネルは熊本大学・伊藤隆明教授の厚意による

る．一言でいうとすれば，「同じゲノムをもつ細胞が性質の異なる細胞に変化する」ということ．つまり，ゲノム上の「遺伝子の使い方」を変えることで，細胞は質的に変化できるのだ．本書では，この遺伝子の使い方に相当するものを「生命のプログラム（プログラム・オブ・ライフ）」とよぶことにしよう．

　この章では，ゲノムや遺伝子が全てではないと述べてきた．もちろん，私たちの身体をつくるうえでゲノムが設計図であり，遺伝子が実働するものである．しかし，私たちや細胞の在り方を考えると，むしろ，ゲノム上の「遺伝子の使い方」が大きな意味をもっている．この遺伝子の使い方が書かれた「生命のプログラム」に従って，身体を構成する細胞は，必要な遺伝子を使い，本来の役割を果たすことができる．さらには，外部の環境が変化すると，このプログラムを変更して，細胞は異なる状態に移行することが可能になるのではないか．こうして，「細胞の個性は，ひいてはヒトの在り方は，遺伝子の使い方で決まる」と理解されるようになってきた．

Column

サイエンスと日本語

　日本語では，ひらがなと漢字に加えて，外来用語をカタカナで表すことができる．世界中で数ある言語の中でも，日本語の大きな特色である．アジアの多くの諸国では，欧米から伝わった専門用語を母国語で表記できない場合も多いため，母国語の教科書をつくるのが困難だとも聞く．カタカナで外来語を柔軟に受け入れて，自国語で議論・思考できたことが，日本でサイエンスが進歩した一因ではないか．わが国で「エピジェネティクス」の研究が盛んに進んでいるのも，その恩恵を受けているのであろう．その一方，日本語で足りることが多く，日本人の英語はなかなか上達しにくいわけでもある．

　しかし，何語を使っても，サイエンスとは万国に共通のものである．その本質的な考え方に差異はない．寺田寅彦の『科学者とあたま』（岩波文庫）から引用しよう．

　　頭のいい人には恋ができない．恋は盲目である．科学者になるには自然を恋人としなければならない．自然はやはりその恋人にのみ真心を打ち明けるものである．

2 遺伝子とゲノムの印づけ

ヒトゲノム解読のインパクト

　遺伝子をのせた「ゲノム＝設計図」は，どのように解読されたのであろうか．シークエンサーというDNA解析装置によりこの偉業が成し遂げられたのは，ほんの間近なことである．実際に，ヒトゲノムの全ての配列がわかったことは，知らず知らずに，私たちの医学や生命観に大きな影響を与えている．最先端の研究を推し進める大きな原動力にもなっている．しかしヒトゲノム計画は当初，人類にとって科学的に重要であるという目的だけでなく，いろんな思惑も絡まって展開した．ヒトの健康に役立ち，病気の診断・治療法の開発につながる重要な遺伝子がわかれば，その国の産業力に大きな弾みとなるからである．

　1990年から，米国がアポロ宇宙計画に匹敵する予算規模

（30億ドル）を使って，ヒトゲノムの解読計画を主導し，日本・欧州などの研究チームもこれに参加した．水面下では，どの国がどの部分の塩基配列を分担するのか，おそらく，真剣な議論と解読競争が繰り広げられたのではなかろうか．そして，10年後の2000年に，当時のビル・クリントン大統領と，セレラ社という民間企業のクレイグ・ベンター博士は，ヒトゲノムの大部分のDNA配列を決定したと世界に向けて宣言．2003年頃にヒトゲノム解読がほぼ完了して，約30億の塩基対のDNA配列が明らかになった．1セット分のゲノム（1番〜22番染色体と性染色体から1本）が30億なので，体細胞は2セット分で60億の塩基対のDNAをもつことになる．人類が進化的に獲得してきたヒトの設計図がこうして明らかになった．

　話をわかりやすくするため，ゲノム上の遺伝子とは，タンパク質（アミノ酸が複数つながったもの）のつくり方が書き込まれた部分としよう．そうすると，ヒトのゲノム上には約2万5,000個の遺伝子があった（**図2-1**）．しかし，多くの科学者は，解読前には，ヒトの遺伝子数は10万個を超えると推測していたので，予想した数の4分の1程度であった．約1,000個の細胞しかない線虫の遺伝子数が1万9,000個であることを考えると，非常に少なく思えたのだ．しかしながら，ヒトはこの数の遺伝子（タンパク質）を部品として組合わせて生きているというのが現実である．

　では，ゲノム上の遺伝子からどのように情報が引き出されるのだろうか（**図2-2**）．ゲノム上の遺伝子（DNAのある部

分）からリボ核酸（RNA）がつくられることを「転写」という．遺伝子が"発現する"，遺伝子が"読まれる"と表現することもある．この後に，RNAからタンパク質がつくられることを「翻訳」とよんでいる．つまり，ヒトを含む生物では，DNA＝情報分子が，RNA＝伝達分子を介して，タンパク質＝機能分子をつくる．要するに，ゲノムの情報を利用するには，「DNA→（転写）→RNA→（翻訳）→タンパク質」という流れになる．この過程において，転写とは，DNAからRNAに写

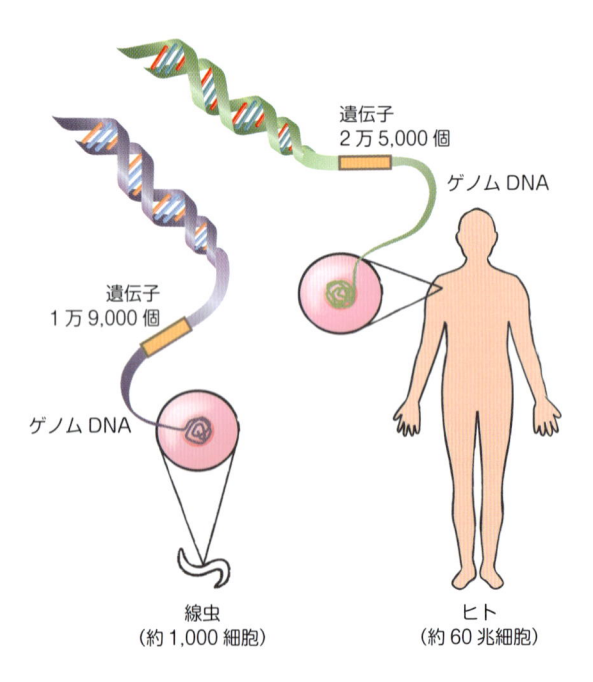

図2-1●ヒトと遺伝子

第2章 遺伝子とゲノムの印づけ

し取ることであり、同じ核酸の間での変換である。他方、翻訳とは、異なる言語に訳するように、核酸からタンパク質への変換なのである。

一体、DNAとRNAでは、何が違うのか。DNAの各々の塩基はデオキシリボースと結合し、リン酸を介して1本鎖のDNAになり、さらに2本鎖を形成すると述べた。他方、RNAは、基本的に1本鎖である。その組成から見ると、RNAは、グアニン（G）、アデニン（A）、ウラシル（U）、シトシン（C）という、4種類の塩基で構成されている。つまり、DNAではチミン（T）が使われる部分が、RNAではウラシルに置き換わっている。そして、RNAの各々の塩基はリボース[※1]と結合して、リン酸を介して1本鎖をつくる。例えば、GATCGというDNA配列は、RNAになるとGAUCGである（**図2-2**）。1つの

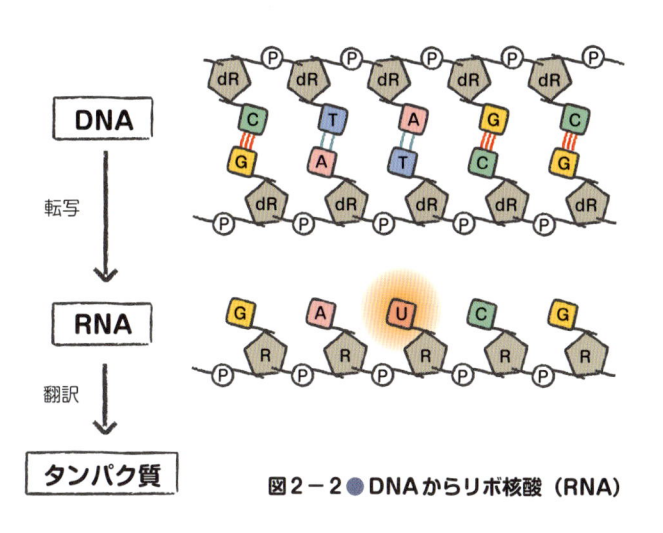

図2-2 ● DNAからリボ核酸（RNA）

塩基を違えることで，同じ核酸であっても，DNAとRNAを物理的に区別できるようになる．

特に，ゲノムDNAは遺伝情報の源であるため，細胞が生きている限り，安定に維持する必要がある．実際に，チミンはウラシルよりも構造的にずっと安定であるという．また，DNAからRNAに転写される場合には，例えば，1つの遺伝子から100個のRNA分子が合成されている．このうち，一部のRNAはタンパク質の合成に用いられるが，残りのRNAは適時に壊されているようだ．このように，RNA分子は，多めにつくられて，タンパク質に情報を伝達しているのである．大事な設計図（ゲノムDNA）を，大量コピーして持ち出し（RNA），部品（タンパク質）を必要なだけつくるのだ．

そうであれば，ゲノム上の遺伝子はどのように働いているのだろうか．2万5,000個の遺伝子[※2]のうち，その時，その場所で必要なものが働いているはずである．これを調べるには，遺伝子から転写されたRNAを見ればわかるであろう．実際に，身体の細胞や組織から取り出したRNAを逆転写[※3]して変換したDNAを解読することで，遺伝子の働き方が調べられた．色々な細胞に分化できる「幹細胞」では，全ての遺伝子のおおよそ70％が使われて，他方，残りの30％の遺伝子は

※1 糖の成分．酸素が1分子除かれるとデオキシリボースとなる．
※2 ヒトゲノムの解読からほどなくして，30億の塩基対のゲノムの上には，タンパク質をつくる約2万5,000個の遺伝子以外にも，未知の働きをするであろう，きわめて多くのRNAの配列（タンパク質をつくらず，そのRNA自身が役割を果たす）も新たに見つかった．
※3 試験管の中で，ウイルス由来の酵素を用いると，RNAをDNAに変換することができる．これを逆転写とよぶ．現在のところ私たちは直接RNAを解析するすべをもたない．

使われていないようだ．それに対して，特定の役割に分化した細胞では，逆に30％くらいの遺伝子を使い，残りの遺伝子は使われていなかった．細胞が分化すると，必要な遺伝子だけが選ばれているようだ．

例えば，私たちの身体には，血液細胞の基になる造血幹細胞というものがあり，この幹細胞から赤血球や白血球など血液中のいろんな種類の細胞が生じてくる．酸素を運ぶヘモグロビンの遺伝子は赤血球で働く．一方，白血球では，細菌やウイルスを殺すための酵素の遺伝子が働く．つまり，幹細胞では多くの遺伝子が低く発現しているが，特定の細胞に分化すると，使う遺伝子と使わない遺伝子がはっきりと区別されているのだ（**4章**参照）．

このように，ゲノム上の遺伝子の一部分だけを選んで使うことで，細胞は別々の役割を分担して果たすことができる．赤血球が酸素を運んでくれないと，すぐに身体中が酸欠で動けなくなる．他の細胞では代償できないのである．そうすると，「細胞の個性は，遺伝子の働き方で決まる」と考えてもよいであろう．

ヒトのゲノムDNAが解読されて，何が変わったのか．それは，どういう遺伝子や配列があるのかが一目瞭然に明らかになったことである．そして，次に解決すべきことも明確になった．その遺伝子やその配列がどういう働きをもつのか．遺伝子はどのように発現するのか，こうした課題に直面するようになった．

遺伝子を支える役者たち

　長い糸を想像しながら，ヒトの30億塩基対のゲノムを真っ直ぐに引き伸ばしたとしよう．そうすると，約1 mの長さになるという．この2倍のゲノムでは2 mになり，これが直径10 μm（0.01 mm）の細胞核の中に納まっている．換算してみると，直径10 mmのボールの中に，2,000 mの糸が入っていることになる．パチンコ玉の直径が11 mmで，富士山の標高が3,776 mなので，あたかもパチンコ玉の中に富士山の高さの半分強の糸を押し込むという，驚異的な凝縮度である．このように，ゲノム全体が小さく折りたたまれて，細胞の核の中に納められている．1個1個の細胞において，こんなにも窮屈な中で，全ての遺伝子がONとOFFの正確な調節を受けているのである．

　ではゲノム上の「遺伝子」について，どのようにイメージできるのだろうか（図2-3）．ほぼ全ての遺伝子が，共通のユニットのような構造をもっている．通常，遺伝子とよんでいる部分が，遺伝子の本体（ボディー）である．その遺伝子が転写されると，このボディー部分の塩基配列をそのまま写し取ったRNAがつくられる．この転写されたRNAから，タンパク質をつくるのに必要な配列だけをつなげる工程がある．これが，RNAの「スプライシング」である．RNAからイントロンの部分が取り除かれて，タンパク質をつくるエキソンの部分がつながった「メッセンジャーRNA」がつくられるので

ある．このため，もともとの遺伝子のボディーには，エキソンとイントロンとよばれる配列が交互に並んでいる．

実際に，エキソンが1個〜数個の遺伝子から，多い場合には100個近くのエキソンをもつ巨大な遺伝子までがある．エキソンとイントロンが存在することで，遺伝子のボディーは分断されているという，なかなか手の込んだ仕組みである．おそらく，遺伝子を部分的に使ったり，ゲノムを多様に組換えるには，この分断された遺伝子が有効なのであろう．ヒトのゲノムでは，エキソンに当たる配列はわずか数％であり，その他のほとんどをイントロンと遺伝子間の配列が占めているのである．

もう少し詳しく見てみよう（**図2-4**）．遺伝子の転写が始まるところを転写開始点，そのすぐ近くに「プロモーター」という配列がある．遺伝子が転写されるためには，このプロモー

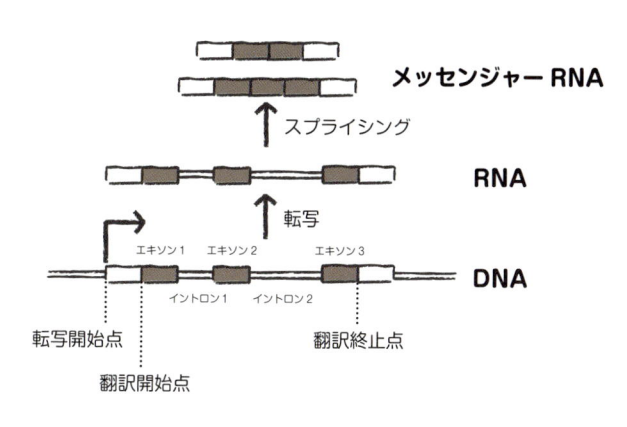

図2−3●遺伝子の実際（1）

ターの存在が欠かせないのである．なぜなら，プロモーターにおいて，転写因子（特定の配列に結合して，転写を促進するタンパク質），RNA合成酵素（RNAをつくる酵素）が集まって働いているからだ．転写因子は，ここで一緒に働くタンパク質の仲間を引き連れてくる働きをしている．

　遺伝子の働きを支える役者たちについて，防災備品として再注目されているラジオに例えてみる．先に述べた「プロモーター」は，転写の"スイッチ"に相当する．遺伝子のON/OFFは，ここで決まるといってもよい．そして，遺伝子の転写量

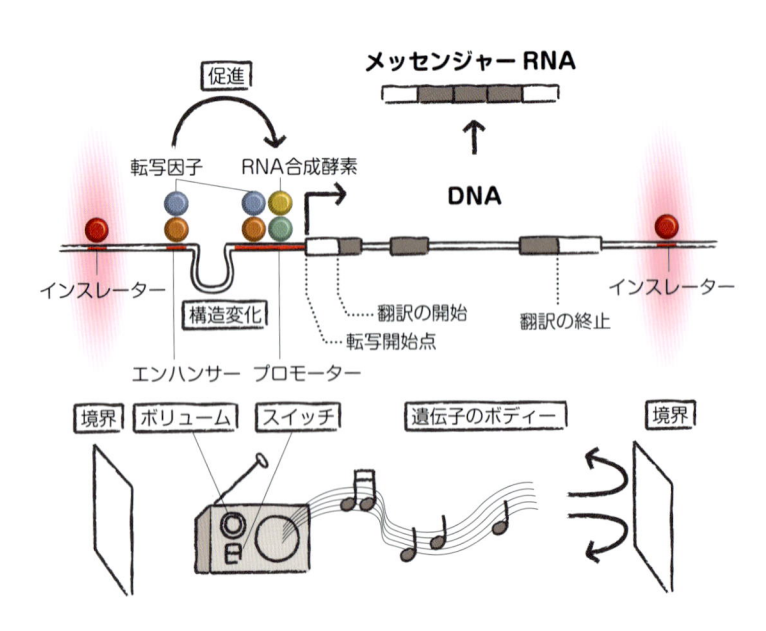

図2-4●遺伝子の実際（2）

を調整する"ボリューム"に相当するものが,「エンハンサー」である.ここにも,転写因子が結合して働いている.ゲノムの塩基配列の上では,エンハンサーは,プロモーターのすぐ近くにあったり,あるいは,かなり離れていたりする.しかし,エンハンサーがプロモーターと共同して転写を強める際には,この両者が空間的に近づいて働き合っている.細胞の中で遺伝子が働く時には,ゲノムDNA全体の立体構造がダイナミックに動いているようだ.

　ヒトのゲノムでは,約2万5,000個の遺伝子がそれぞれ決まった場所に存在している.ゲノムが解読されて,私たちの30億塩基対の配列に順に番号がつけられているので,個々の遺伝子が「ゲノムの○○番から□□番の配列にある」と決められている.まるで,遺伝子の住所のようである.これらの遺伝子の配置を見ていると,また不思議なことがわかってきた.ゲノム上で隣り合った遺伝子が,それぞれ,違った種類の細胞で働くのである.皮膚で働く遺伝子,血液で働く遺伝子,肝臓で働く遺伝子が並んでいても,これらの遺伝子は独立に調節されるのである.

　このように,ゲノム上の遺伝子の働き方を考えると,遺伝子それぞれが個別に区別される仕組みがあるのではないかと予想される.つまり,遺伝子と遺伝子の間で働く,もう1つの役者がいるはずである.その役者は,遺伝子と遺伝子の間にあって,境界を決めるものであった.この境界を「インスレーター」とよんでいる.インスレーターとは,工業製品でいう"絶縁体"の意味である.インスレーターがあると,隣

り合った遺伝子でも，それぞれ独立した働き方ができるのだ．インスレーターで両側の境界が決められると，遺伝子のプロモーターとエンハンサーはその中で働き合う．このように，各々の遺伝子には，プロモーター，エンハンサー，インスレーターという配列があることがわかってきた．これらの役者が協力することによって，遺伝子は，特定の細胞でのみ働くことが可能になるのである．

修飾されたDNAの発見物語

DNAは4種類の塩基で構成されて，この塩基の並び方が，ゲノムに刻まれた生命の情報を表していると紹介した．それに加えて，"第5の塩基"ともよばれるものが知られている．これが，ゲノムDNAが印づけられている事実の発見の契機になった．

ゲノムや遺伝子の印づけは，どのような経緯で発見されたのだろうか．それは，生物の遺伝物質の本体について盛んに議論されていた頃，前述したワディントンとほぼ同じ時代のことである．ローリン・ホッチキス博士（1911-2004）は，米国のロックフェラー医学研究所（その後のロックフェラー大学）の研究者のひとりであった．

彼は，ヒトの肺炎の原因になるニューモコッカス（肺炎球菌）について研究を進めていた．今でも，この菌は肺炎の30％程度を占めて，その他にも髄膜炎や中耳炎の原因になる

ものである．一般に，細菌などの微生物は，色々な物質を産生することが知られている．きわめて毒性の高い物質もあれば，現代の医療で使われる抗生物質などの有用物も含まれている．ホッチキスは，この菌が産生するグルクロン酸とよばれる多糖類を調べていた．私たちの身体でもグルクロン酸は産生されていて，例えば，関節内の潤滑油のように働くヒアルロン酸，胃腸の粘膜を保護するムチンの材料になることが知られているものだ．

　ひとまとめにニューモコッカスといっても，いくつかのタイプに分けることができる．彼は色々調べるうちに，産生された多糖類が菌体の外側の膜にあって，この細菌のタイプを決めることに着目した．しかも，不思議なことに，ニューモコッカスはこのタイプをしばしば変えることがあったのだ．このように，細菌がその性質を変えることを「形質転換」とよんでいる．この形質転換に働く物質を同定しようと実験を進めて，1944年に，おそらくDNAがこの形質転換の物質であろうという研究結果を報告した（図2-5）．

　ちなみに欧米の研究者は，研究生活の中で，サバティカルとよぶ充電期間をもつことが多い．所属する大学から一時離れて，外国の研究施設などで新しい技術や考え方などを吸収する制度である．ホッチキスは，1年間のサバティカル期間にコペンハーゲンでタンパク質化学を学んだ．そして，細菌の産生物から各物質を分離して，それが何かを同定する実験の中で，他の細菌の増殖を抑える抗生物質（アミノ酸の一種であった）を見出した．歴史的には，これが最初に商品化さ

れた抗生物質になったという．一途に研究を進めていると，時折，こういったチャンスに出会うものである．

　こうした中に，別の研究者から，ニューモコッカスを形質転換する物質はタンパク質であって，DNAではないという反論が出された．同じような実験を行っても，相反する結果が出るのは稀なことではない．しかも当時，細菌の中にあるDNAとタンパク質を完全に分離する方法は易しくなかったからである．タンパク質を分離したと考えても，微量のDNAが混入することがある．逆に，DNAとして分離しても，タンパク質が混じることもあるからだ．これに対して，ホッチキスは再検証を試みた．

　彼が培った技術力を活かして，形質転換に必要な物質をさらに純化して分離したのである．その結果，細菌を形質転換する物質の中に，タンパク質は含まれていなかった．間違いなく，4種類の塩基からなるDNAがあった．タンパク質もな

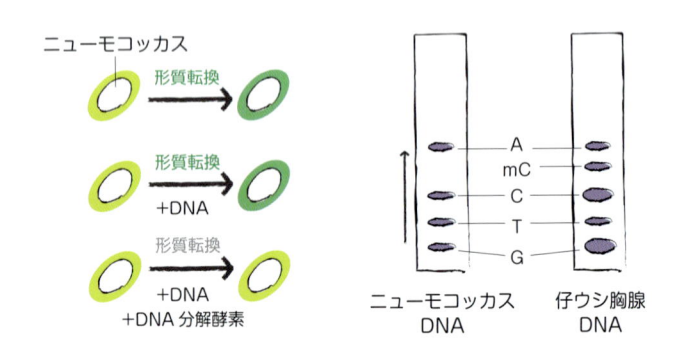

図2−5●ホッチキスの発見

ければ，ウラシルを含むRNAも入っていなかった．さらに，DNA分解酵素を用いてDNAを除いてしまうと，細菌の形質転換は全て消失してしまったのである．こうして，DNAが形質転換を担う物質であることをあらためて証明したのだ．

その後も，彼は形質転換を起こす物質について追求を続けた．1948年に，DNAを構成する4種類の塩基について，ペーパークロマトグラフィー[※4]とよばれる方法を用いて分離することに初めて成功したのだ．ニューモコッカス，仔ウシの胸腺のDNAを調べてみたところ，DNAを構成する4種類の塩基が分離されて検出できた．しかも，この両者のDNAの間で，塩基の比率が違っていることがわかった．すなわち，生物種による違いである．

さらに，予期しない副産物として，次のような発見がなされたのである．仔ウシの胸腺のDNAには，通常のシトシンに加えて，早く移動するシトシンが見出された（図2-5）．彼は「メチル化されたシトシン（mC）」であろうと考察した．こうして，シトシンという塩基が，メチル基の修飾を受けることが発見されたのだ．これが，その後に注目される「DNAのメチル化」という修飾なのである．

ホッチキスは，ニューモコッカスの形質転換に関する研究を進めてきた．DNAによって形質転換が行われるという重要な考え方を確立したのである．近年の耐性菌の出現などが話

※4 濾紙の下端近くに調べる物質を点状にスポットして，濾紙の下端から毛細管現象で上がってくる溶媒とともに，その物質の成分が上の方に展開して分離するという原理である．混合した物質であっても，溶媒との親和性の違いによって，それぞれの展開の速度が異なるので固有の位置に見えてくる．

題になるように，細菌が薬剤耐性を獲得する場合がまさに形質転換なのである．そして，この一連の研究の副産物として，哺乳類の細胞のゲノムDNAでは，シトシンがメチル化を受けることを見つけたのであった．当時その意味はわからなかったが，後に，私たちのゲノム上の遺伝子の働き方を調節する大切な印づけであることがわかっていくのである．

DNAのメチル化という印づけ

　生物種の中で，「DNAのメチル化」は保存されているのだろうか．小さなゲノムDNAをもつ細菌では，その塩基の一部がメチル化を受けることが知られている．つまり，自らのゲノムをメチル化する酵素をもっているのだ．その理由は，細菌に感染するウイルス（バクテリオファージとよぶ）が，外来遺伝子として菌内に侵入するからである．ファージは細菌の中で増えると，ホストの菌を溶かしてしまうため，細菌はファージに対する防御が必要となる．ここで，侵入したファージDNAには，メチル化の印がないので，細菌のDNA切断酵素によって分解される．これに対して，メチル化の修飾を受けた菌のゲノムはDNA切断酵素の認識を免れ，切断されないのである．つまり細菌では，メチル化が外来遺伝子に対する感染防御として働いているのだ．

　哺乳類でも，これとよく似た防御機構が知られている．例えば，ヒトの細胞がウイルス感染を受けると，侵入したウイ

ルスのDNAは，メチル化酵素によって速やかにメチル化されるのである．このため，ウイルス遺伝子が働けなくなり，ウイルスの増殖はそこで阻止されるというわけである．

　単細胞の細菌がもっているなら，全ての生物種が「DNAのメチル化」もつのではないかと思われるだろう．ところが，そうではない．面白いことに，酵母，線虫，ショウジョウバエなど昆虫の一部には，ゲノムDNAのメチル化はほとんどみられない．大昔にあった痕跡はあるが，進化の途上でほとんど使われなくなったようだ．他方，植物のゲノムでは，動物と比べても，メチル化されたシトシンの割合はかなり高いのである．植物は，DNAのメチル化を高率に使っている生物であるといえよう．

　「DNAのメチル化」とは，何であろうか．ヒトなどの哺乳類を例にして説明しよう．化学的には，シトシンにメチル基（-CH$_3$）がつけられることである（図2-6）．1個の炭素原子と3個の水素原子からなる最もシンプルな修飾である．全てのシトシンがメチル化を受けるのではなく，1つの原則がわかっている．それは，シトシンの後にグアニン，つまり，CGという2塩基配列の中のシトシンにメチル基がつけられることである．例えば，GCTCGの配列では，CTのシトシンはメチル化されないが，CGのシトシンはメチル化される．しかも，前述のように，グアニンとシトシンは水素分子を介して緩く結合するので，2本鎖のCG配列（CG：GC）では，その中にある2つのシトシンが両方ともメチル化される．これは，DNAのメチル化酵素の働きによるものである．

「DNAのメチル化」は，私たちにとって重要な役割を果たすのか．これを明らかにするために，DNAのメチル化酵素を完全になくしたノックアウトマウスが作製された．身体中の全ての細胞で，DNAのメチル化が失われたマウスである．そうすると，受精卵から少し発生の過程が進んだところで，間もなく成長は停止してしまい，全く誕生には至らなかった．また別の実験でも，DNAのメチル化酵素の活性を阻害すると，その細胞はゲノムのメチル化を失い，きわめて不安定になって細胞死を起こしていく．このように，DNAのメチル化は，私たちに欠かせないマークなのである．

　さらに具体的に，「DNAのメチル化」は，ゲノム上の遺伝子の働きに大変重要な修飾であることがわかってきた．発生の過程で，遺伝子がメチル化を受けることで，その発現が抑

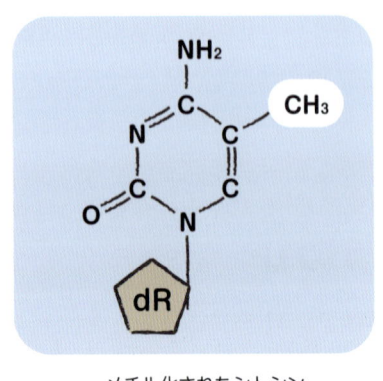

メチル化されたシトシン

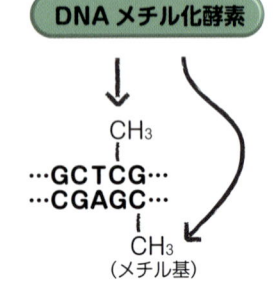

図2-6 ● DNAのメチル化の実際

制される例が数多く見出された．その反対に，つけられていたメチル化が外れて，遺伝子の発現が誘導される例もわかったのである．このように，DNAのメチル化が「遺伝子の使い方」に直接にかかわっていることが次々に報告されてきた．さらに，この考え方を別の角度から支持する発見も報告された．**5章**で述べるように，がん細胞では，細胞のがん化を抑制する遺伝子が異常なメチル化を受けて，その働きを抑え込まれている事実がわかってきたのだ．

このDNAのメチル化と遺伝子の働き方の関係について，全ゲノムの塩基配列が詳しく調べられた．すると，発現する遺伝子のプロモーターはメチル化を受けておらず，逆に，そのプロモーターがメチル化された遺伝子は発現しないという，一般的な原則が明らかになった．すなわち，DNAのメチル化は，遺伝子の発現を抑制する印づけであると考えられるに至った．

こうして，DNAのメチル化とは，私たちの生命の在り方に深くかかわるマークであると理解されるようになった．

メチル化されたDNAでは何が起きているのか

次の疑問は，DNAのメチル化だけで遺伝子を抑制しているのか，あるいは，DNAのメチル化と一緒に働く他の因子があるのか，ということであった．科学の進歩というものは，1

段1段とステップを上がるかのように進んでいく.

　これに対して，英国のエジンバラ大学のエイドリアン・バード教授のグループの研究が突破口になった．DNAのメチル化について研究を行う中で，細胞内にはメチル化されたDNAを認識する因子があるのではないかと仮説を立てた．おそらく，DNAのメチル化が遺伝子の発現を長期に安定して抑制するには，タンパク質のような因子が不可欠ではないかと考えたのである．この仮説が正しいか否かを調べるには，どうしたらよいか．彼らは，人工的に合成した短い2本鎖DNAに細菌由来のメチル化酵素を反応させたものを用いた．反応前のメチル化のないDNAと反応後のメチル化されたDNAを別々に準備し，細胞から取り出したタンパク質の抽出物と混ぜ合わせて，メチル化されたDNAだけに結合する因子が存在することを見出したのである（**図2-7**）．DNAがタンパク質と結合すると，大きな分子量になるので，その変化で容易に区別することができた．この結果を別の実験で補強するために，彼ら

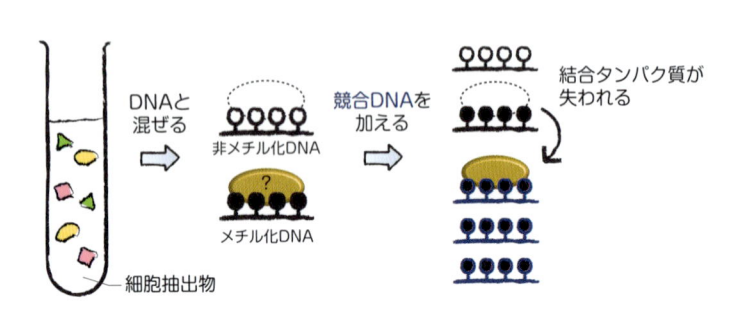

図2-7 ●謎のメチル化DNA結合タンパク質の発見
印の意味は次の通り．🔴：メチル化あり，⚪：メチル化なし

は，メチル化DNAとタンパク質の結合物に，メチル化された別のDNAを多量に入れると，その結合が競合されて失われることを示した．そして，正体はわからないが，1989年に「メチル化DNA結合タンパク質」の存在について発表した．

面白いことにこのタンパク質は，DNAの特定の塩基配列を必要とせず[※5]に，そのDNAの中にメチル化されたCG配列があれば結合できたのである．さらに1992年にバード教授は，もっと詳しい実験データを発表した．メチル化DNA結合タンパク質には，その結合に必要なメチル化CG配列の数によって，少なくとも2種類があるという結論を出した．12個以上のメチル化CG配列に結合するタンパク質，そして，1個のメチル化CG配列に結合できるタンパク質があることを示した．そうして「MECP2（メックピー・ツー）」という，最初のメチル化DNA結合タンパク質が発見されたわけである．1999年には，MECP2の異常によって，ヒトのレット症候群という病気が生じることもわかった（**3章**）．

では，どのようにMECP2はメチル化されたCG配列に結合しているのだろうか．MECP2のタンパク質を短く削って調べてみると，約80個のアミノ酸部分が残っていればメチル化されたDNAに結合することがわかった．この部分はメチル化DNA結合ドメインと名づけられた．さらには，このアミノ酸配列とよく似た配列をもったタンパク質が，ヒトには他に4個あることがわかった．

※5 例えば転写因子などは，TBPとよばれるタンパク質であればTATAAAAといったように，特定の配列を選んで結合する．

バード教授のグループの一連の研究とは独立に，私たちのグループは，その中の1つである「MBD1」とよばれるメチル化DNA結合タンパク質について研究を進めていた．1999年に，完全長のMBD1を初めて明らかにして，細胞内で遺伝子の発現を抑制することを発表した．ついで2001年に，白川昌宏教授（現・京都大学）のグループと共同して，MBD1のメチル化DNA結合ドメインとメチル化CGが結合する構造を原子レベルで解くことができた．メチル化DNA結合ドメインが，メチル化されたCG配列に結合する構造は，他に比類のない，新しいものであった．まるで，メチル化DNA結合ドメインという"手のひら"で，2本鎖のメチル化CGを握るような形であった．これは，世界に先駆けた知見になり，MECP2を用いて構造を調べていたバード教授から驚かれるほどであった．

　私たちの発見には2つの幸運があった．よく似たメチル化DNA結合ドメインではあるが，MECP2では分解されやすく不安定だった一方，MBD1は大腸菌内で安定につくることができたことが1つ．もう1つは，このドメインがメチル化CGに結合する時，回転する動きが生じるので，それを考慮する必要があると白川教授らが気づいたことであった．経験から自然と出てくる勘のようなものだ．

　そして2003年に，メチル化されたDNAに結合したMBD1が，遺伝子の転写を抑制する酵素群の仲間を引き連れてくることを私たちは明らかにした．つまり，メチル化されたDNAにメチル化DNA結合タンパク質が作用して，その上に転写抑

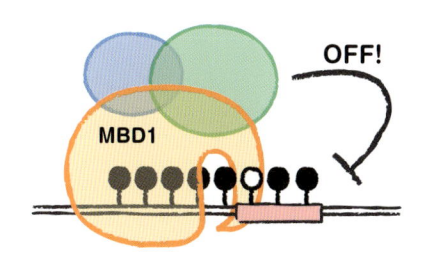

図2−8 ● DNAメチル化と遺伝子の抑制

制のための酵素群がやってくるという，一連のシナリオを描くことができたのだ（**図2-8**）．

付箋のような法則

　この章の最後に，ゲノム上の「遺伝子の使い方」について，その核心に迫ってみよう．私たちの身の回りを見ると，目印をつけて使い分けをしていることは多い．例えば，本やノートに書き込みをしたり，ラインマーカーを引いたり．注目したいところには，付箋[※6]をつける．貼ってはがして，また貼れると，何かと便利である．しかも，好みの色や大きさ・形など，色々バリエーションがある．自由に書き込みもできる．要するに，印（マーク）をつけることで，他から区別して分類できるのだ．

※6 ポスト・イット（スリーエム社の登録商標）が有名．

＜エピジェネティック＞の仕組みは，この付箋とよく似ている（**図2-9**）．生物の進化の過程で，なぜ，このような仕組みになったのか．その答えは推測の域を出ないので，今は自然の知恵としておこう．DNAのメチル化とメチル化DNA結合タンパク質の発見から，多くの研究が積み重ねられて，ゲノム上の全ての遺伝子に印がつけられている事実が明らかになってきた．印をつけるということは，対象を"修飾"することと言い換えてもよい．付箋のように印をつけると，他と区別することができるのだ．2万5,000個の遺伝子に印をつけるのは，いかにも煩雑に思えるが，全ての遺伝子を効率よ

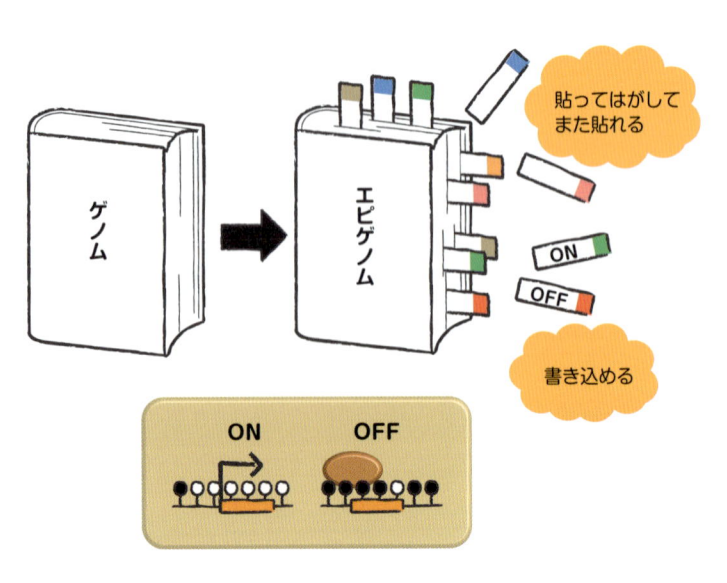

図2－9●付箋のようなエピゲノムの法則

く活用するためには十分に有効な手段なのであろう．

　ワディントンが提唱した「エピジェネティクス」という名前に準じて，このように印づけられたゲノムを「エピゲノム」とよぶことになった．"ゲノムの上にあるもの"という意味である．ゲノム上の遺伝子にマークをつけて，それぞれの遺伝子の働きを調節するというわけだ．さらには，「ゲノム＝設計図」を考えると，同じゲノムであっても，異なるマークをつけることで，別のエピゲノムになるということである．つまり，「修飾されたゲノム＝エピゲノム」なのである．何とも画期的な生命の摂理ではなかろうか．

　想像を逞しくしてみよう．エピゲノムに印づけがあるならば，使う遺伝子と使わない遺伝子では，つけられるマークは違っているのではないか．マークにも種類があるのではないか．また，そのマークの種類を見れば，遺伝子が働いているかがわかるかもしれない．さらに，遺伝子の使い方が違う細胞では，ゲノム上のマークのパターンも違っているのではないか．実際に，細胞の種類やその状況によって，遺伝子につけられる修飾が異なっていることがわかってきたのである．

　では，ゲノム上の遺伝子につけられる印には，何があるのだろうか．これが，「遺伝子の使い方」の仕組み，さらには「生命のプログラム」の本質になりうるものだ．ヒトのゲノムは，4種類の塩基が様々な順序につながった，30億塩基対のDNAであると述べた．この中に，約2万5,000個の遺伝子がある．DNAのメチル化とは，ゲノムの中のシトシンにメチル基をつけて，遺伝子の働きを抑える重要な印であった．さ

らに，もう1つ，大切な印づけがあることが明らかになった．

　伸ばせば2メートルの長さのゲノムが，細胞核の中に納められていると述べた．細胞核の中にあるゲノムは，裸のDNAではなく，多くのタンパク質が巻きつくことで，何重にも折りたたまれている．顕微鏡で観察できる染色体とは，タンパク質が巻きついて，もっとも凝縮したゲノムなのである．私たち研究者は，ゲノムのDNAとタンパク質が一緒に結合したものを「クロマチン」とよんでいる（**図2-10**）．このクロマチンの中で，タンパク質が様々な"修飾"を受けることがわかってきたのである．

　それでは，クロマチンに存在するタンパク質とは何か．その主なものが「ヒストン」とよばれるタンパク質である．ヒストンは，パン酵母からヒトに至るまで，ほとんどの生物が共通にもっているものだ．ヒストンにはいくつかの種類があ

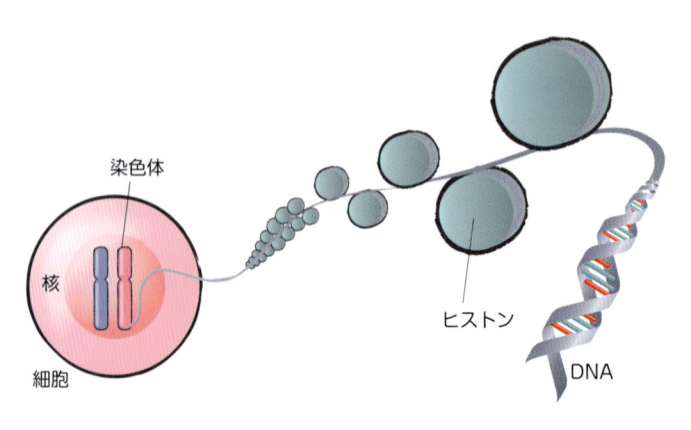

図2-10 ●クロマチン

るが，生物の進化の中で，他に例がない程に，丸ごと保存されているタンパク質である．しかも，クロマチンの中にきわめて多量にあるので，そういう存在は19世紀の終わりに知られていたようだ．このようにゲノムと密接に関係するヒストンを直接に"修飾"できれば，エピゲノムの最も合理的な印づけになるであろう．結論を言うと，ヒストンが確かに修飾されていることがわかり，しかも，その修飾には，いろんなバリエーションがあった．つまり，"付箋"によく似ているのである（ヒストンの修飾については，**6章**で詳しく述べる）．

このように，「エピゲノム」はDNAのメチル化とヒストン修飾による"付箋のような法則"をもっているのだ（**図2-9**）．そして，次のような3つの特徴があげられる．①使う遺伝子と使わない遺伝子がマークされている，②マークはつけられたり，外されたりする，③マークに対してタンパク質が結合する，というものである．①と②は，まさに"付箋"と同じ特徴である．目的に合わせて，異なったマークが使われている．

③については，単に印づけに終始せずに，そのマークは決まったタンパク質によって認識されるということだ．メチル化DNA結合タンパク質のように，マークに結合して，さらに次のタンパク質を連れてくるという，連鎖反応が起こる．その結果，各々の遺伝子の部位に，その使われ方（転写の仕方）に見合ったクロマチンがつくられることになる．さらには，これらのマークが除かれると，その上に乗っているタンパク質の一群は離れてしまう．転写因子がDNA配列に結合できる

かどうかも，エピゲノムの状態によっている．その配列部分が空いていないと結合できない．例えるならば，座る人（転写因子）と座席（エピゲノム）である．ある人がその席に座ると，回りに友達が集まって賑やかになる（転写ON）．ところが，席が空いていないと座れない（転写OFF）．つまり，エピゲノムが転写因子の結合を決めるわけである．このように，転写因子とエピゲノムは互いにもたれ合う関係になる．こうして，エピゲノムの状態は，マークによって大きく変換され，2万5,000の遺伝子を巧みに使いわけているのだ．

この章では，付箋のように，ゲノム上の遺伝子に対して印がつけられていると述べた．同じ遺伝子であっても，つけられる印によって働き方が違ってくる．全ての遺伝子に印をつけることで，同じゲノムから複数の異なったエピゲノムをつくることができるのだ．身体の中に200種類以上の細胞があるならば，少なくとも，200種類以上のエピゲノムが存在しているであろう．こうして，ゲノムや遺伝子の印づけが，重要な役割を果たすことがわかってきたのである．

Column

はがれ易い接着剤，という大発明

　ポスト・イットは，1980年，米国スリーエム社から世界初の糊つき付箋紙として発売された．この会社の研究員が，強力な接着剤を開発するプロジェクトの中で，たまたま非常に弱い接着剤をつくり出してしまったという．何に使えるか，しばらく，その用途は見つからなかった．しかし，本のしおりに使ってみてはという発想の転換から，今や世界中に普及するヒット商品になったわけである．偶然から大発明を生む「セレンディピティ（偶然を幸運に変える）」の例として語られるようになった．1つの対象をいろんな角度から見ていると，新しい発見も生まれてくる．

　エピジェネティクスの研究では，セレンディピティに出会う機会は多い．今までの常識がそうではなくなる．例えば，DNAのメチル化を取り去る酵素を見つけたと報告されれば，その後に，むしろ重要な仕組みは他であるという報告が出される．山本七平の『「常識」の非常識』（文春文庫）によると，

> 根拠なき前提がいつしか「常識」となって通用し，人びとの思考がそれに拘束されると，社会の通念に従って常識的に考え行動しているつもりが，結果において意外な非常識となってくる．

科学の進歩は，常識の壁を破るところにある．

③ 生まれつきの病気はどう起こるか

子の遺伝子に刷り込まれた両親の思惑

　ゲノム上の遺伝子には，それぞれに印がつけられている．この印づけが「遺伝子の使い方」を決めているとここまで述べてきた．印づけに従って，遺伝子が働いたり，働かなかったりする．遺伝子の印づけは，私たちにとってどれほどの意味をもっているのだろうか．発生に役割を果たすならば，ヒトの生まれつきの病気にもかかわるのだろうか．

　母親と父親の両方から，子は同じ遺伝子を1個ずつ受け継いでいる．基本的に，同じ遺伝子であれば，どちらの親から受けた遺伝子も同じように働く．ところが，不思議なことに，両方の親から受けた遺伝子が，子世代で同じように振る舞わない場合があるのだ．その代表的な例が「ゲノムインプリン

ティング」という現象である．"インプリンティング"とは，日本語で「刷り込み」と訳されるように，"印づけ"によく似た言葉である．つまり，"遺伝子に母由来または父由来の印がつけられること"を意味している（**図3-1**）．このため，ゲノムインプリンティングのみられる遺伝子では，その親由来を区別できるというわけである．

この印づけ（刷り込み）があると，母由来の遺伝子は発現するが，父由来の遺伝子は発現しない．または，父由来の遺伝子は発現するが，母由来の遺伝子は発現しない．つまり，親由来によって遺伝子の働き方が決まるということだ．通常，この印づけは「DNAのメチル化」であって，卵と精子の中で起こると考えられている．

もっともわかっているのが「IGF2（インスリン様成長因子2）」という遺伝子である（**図3-2**）．このIGF2は，発生の過程で，胎児の成長を促すように働いている．1990年ごろに，父由来のIGF2遺伝子は発現するのに対して，母由来のIGF2

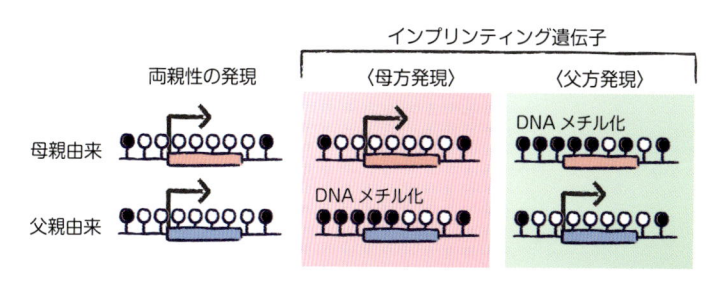

図3-1●ゲノムインプリンティング

遺伝子は発現しないことが見つかった．これを"IGF2は，父方発現の遺伝子である"という．また，IGF2遺伝子の近くに，H19という別の遺伝子があることもわかった．この遺伝子は，逆に，母由来が発現して，父由来は発現していなかった（＝母方発現）．しかも，父由来のH19遺伝子が，DNAのメチル化を受けることで，IGF2とH19の遺伝子の働き方が決まっていたのだ．このように親由来で発現が違う遺伝子をまとめて，「インプリンティング遺伝子」とよぶようになった．

親由来を印づけるインプリンティングには，一体，どういう意味があるのか．いくつかのインプリンティング遺伝子の働きから推測して，次のような仮説が提唱されてきた．父方発現の遺伝子は，成長を"促進"するように働き，他方，母方発現の遺伝子は，成長を"抑制"するように働く．まさに，IGF2は，前者の例であった．さらには，母親と父親の間で，そして母親と胎児（子）の間で，遺伝子の働き方に"綱引き"があるという考え方が出されてきた（図3-3）．

時を古代まで遡ってみよう．ヒトを含む野生の動物は，食糧を安定に確保する術もなく，その日暮らしであった．しか

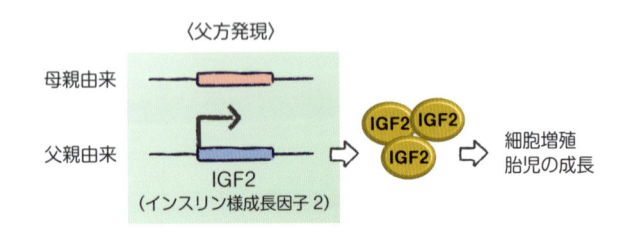

図3-2 ● IGF2のゲノムインプリンティング

も，男女ともに特定の夫婦関係はなかった，そういう状況下であったとする．母親と父親，そして生まれようとする子の立場になって考えてみよう．母親は妊娠自体がわが身の危険を高めるため，できれば子の成長を抑制したい．父親は自分の子孫を残したいので，子に成長してほしい．また，子はできるだけ自分が成長したいが，母親は自らが産む子どもに平等に栄養を与えたい．このように，母親と父親は，それぞれの目的や脳の考え方にそって，進化の過程で遺伝子に刷り込みを行って，子の成長に影響を与えたという仮説である[※1]．

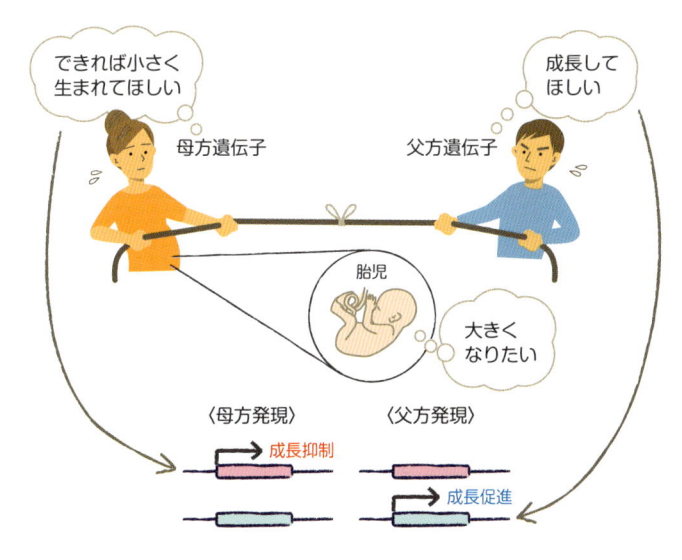

図3-3●インプリンティングの綱引き仮説

※1 もちろん，私たちの思い通りに遺伝子の印づけを変えられるわけではない．進化については6章を参照いただきたい．

そうして，父方発現の遺伝子は，成長を促進するように働き，逆に，母方発現の遺伝子は，成長を抑制するように働くようになったというのである．ハーバード大学のデイビッド・ヘイグ教授は，母方の遺伝子と父方の遺伝子と間に，子の成長に関して対立する可能性を示して，進化的にインプリンティングの現象を説明しようとする「綱引き仮説」を提唱したのである．

今までに，ヒトやマウスで，200個程度のインプリンティング遺伝子が報告されてきた．全遺伝子の数％くらいに相当するであろうといわれている．全て「綱引き仮説」に合致するとは思えないが，その中には，細胞の増殖や分化，身体の成長にかかわる遺伝子が多く含まれているのは確かだ．さらに，脳の神経細胞では，インプリンティングを受ける遺伝子が予想以上に多いという報告も出された．男と女，親と子など，脳のゲノムには，他の細胞とは違った"刷り込み"があるかもしれないのである．このように，親の考えが次の世代のゲノムに反映されることがあるのか．生物の進化の仕組みを考えると面白いところである．

両親が必要という理由

ヒトを含めた哺乳類において，インプリンティングの存在は，母由来と父由来のゲノムが等価ではないことを示している．つまり，母由来と父由来のゲノムの配列はほとんど同じ

であっても，インプリンティングという，親由来に従った印づけが違っているのだ．結果として，ゲノム上の一部の遺伝子の発現は，その親由来によって同じではないのである．しかも，インプリンティング遺伝子には，発生の過程で，胎児の成長にかかわるものが多い．

やや極端な場合ではあるが，次のような事実が知られている．普通は，受精卵で両親由来の染色体が合わさって，発生のプログラムが開始する．ところが，ヒトにおいても，全ての染色体が卵由来のままで，発生が開始することがある．これを「雌性発生」とよんでいる．他方，全ての染色体が精子由来であるにもかかわらず，発生が開始することを「雄性発生」という．どうして，このようなことが起こるのだろうか（図3-4）．

「雌性発生」は，例えば，卵のもとになる細胞が減数分裂の前に発生のプログラムを誤って開始する場合である．卵由来の染色体だけで発生が開始したとしても，正常な進行はできず，最終的には「卵巣奇形腫」という卵巣のがんを生じる．袋のような形をした腫瘍の中には，髪の毛，脂肪，歯や骨など，様々な組織片を含むことが多い．産婦人科では，皮様嚢腫（デルモイド）ともよばれて，卵巣の腫瘍の中で約30％程度を占めるものである[※2]．

他方，「雄性発生」は，精子由来の染色体だけで，発生が

[※2] こう述べると，手塚治虫氏の漫画「ブラックジャック」の話を思い出される方もいるであろう．そこに登場する架空の女の子（ピノコ）が，この奇形腫から誕生するというストーリーが描かれている．

開始することである．どういう機序が考えられるか．受精卵から卵子核が抜けてしまい，精子核が倍に増えた場合，あるいは，受精卵に2つの精子が受精して，卵子核が抜けてしまった場合である．こちらも正常な発生には至らず，最終的に，「胞状奇胎（胎盤のがん）」を生じてしまう．胎盤（絨毛組織）が水ぶくれ様の変化を起こし，ブドウの房状に増殖した状態である．これは，異常妊娠の1つと考えられている．

これら2つの例が実証するように，母由来と父由来の両方のゲノムが，正常な発生に不可欠なのである．いずれか一方の親由来のゲノムによる発生を「単為発生」とよぶが，哺乳類では，基本的に単為発生はできないと考えられている．ところが，鳥類や爬虫類，昆虫類では，「単為発生」が可能な場合も知られている．単為発生の場合，子は親と全く同じゲ

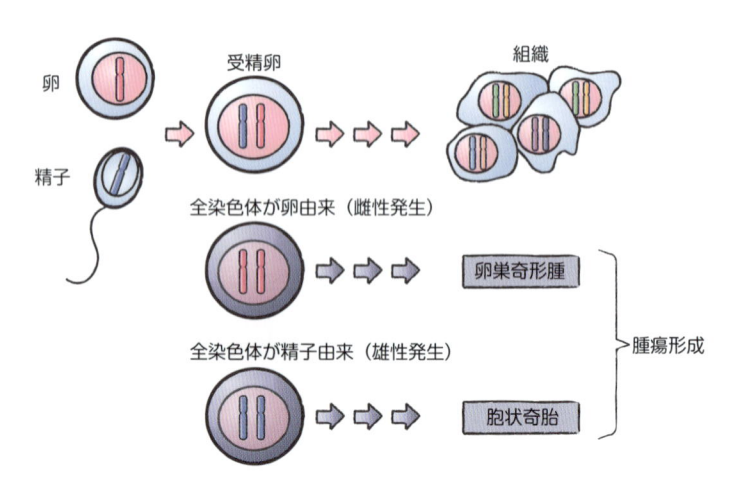

図3-4●哺乳類は単為発生できない

ノムをもつことになる（＝クローン）ので，おそらく，親と同じような子孫を速やかに増やすためではないかと予想することができる．

このようにインプリンティングとは，胎盤をもつ哺乳類に認められる遺伝の現象である．哺乳類以外の生物には，インプリンティングという仕組みはないと考えてよいであろう．このため，インプリンティングと胎盤をもつことを進化論的に結びつけて考える研究者も多いのである．子のゲノム上では，親由来に従った印づけがなされ，その結果，両親のゲノムが揃うことで，インプリンティング遺伝子の働きが相補されてはじめて正常な発生が可能となる．色々な議論はあるが，インプリンティングは，哺乳類の単為発生を防止する仕組みと考えてよいのではないか．なぜならば，この仕組みがあることで，いずれの親とも異なる「ゲノム＝設計図」をもった子孫が生まれるからである．つまり，親子の間にインプリンティングの仕組みをもったので，ヒトは今のように進化することができたのだ．

プラダー・ウィリー症候群とアンジェルマン症候群

ここで考えてみてほしい．インプリンティングを受ける遺伝子は，親由来によって片方が抑制されるため，もう片方の働く遺伝子に異常が起こると深刻な事態になるのではないか．

ゲノムインプリンティングは，実際，ヒトの病気にかかわるのだろうか．

最初にわかった例が「プラダー・ウィリー症候群（PWS）」と「アンジェルマン症候群（AS）」という，生まれつきの病気であった．PWSは，1956年にスイスのアンドレア・プラダーとハインリッヒ・ウィリーが報告し，他方ASは，1965年に英国のヘリー・アンジェルマンが報告したものである．両症候群は全く無関係に考えられていた．ところが，予想外に，ともにヒト15番染色体の同じ部分が失われていることがわかったのである．同じ染色体の異常で，全く違う病気が起こる——それまでの常識にはない何かがありそうだ．このような1990年代の始めに，私は，米国のベイラー医科大学のアート・ボデー教授の研究室で，これらの病気に関する研究を行う機会をもった．

では，2つの症候群は，どういう症状や経過をもつのであろうか．PWSの子どもは，生まれてから乳児の頃までは，ミルクの飲みが弱く，体重もなかなか増えにくい．身体の動きや運動面の発達も遅くなりがちである．そうした後に，様子は一変してしまう．過食と肥満，そして低身長が明らかになってくる．とりわけ，食欲がきわめて旺盛になり，しばしば家中の食物を探すようになる．このため，食用棚や冷蔵庫に鍵をかけるほどである．食事指導を受けながら，カロリー制限が必要な場合も多いという．アーモンド型といわれるクリッとした目，ふっくらした身体に小さな手足など，可愛らしい容姿である．また，中程度の知的な障害があって，内向きや

癲癇もちなどの性格がみられるようだ．

　一方，ASの子どもでは，脳と神経の症状が最も強く表れてくる．生まれつきに，発達は大きく遅れて，言葉もほとんど出ないことが多い．歩き方は不安定であり，手足のふるえがみられる．時折，発作的に笑ったり，両手をたたくような動作をするなど，身体の動きが多過ぎる傾向があるようだ．脳の発育を示す頭囲が小さく，けいれんの発作，睡眠の障害などをもつようになる．このような発達の障害は，生後6カ月ごろから目立ってくるのである．

　このようなPWSとASの患者で，ボデー教授と同じベイラー医科大学のデビッド・レッドベター教授らが，次のような報告をした．両患者に，15番染色体の同じ欠失があること，また欠失をもつ染色体の親由来が違うことがわかったというのだ（**図3-5**）．興味深いことに，PWSでみられる欠失は父由来であり，逆に，ASでみられる欠失は母由来であった．そうすると，これらの症候群の原因遺伝子は，インプリンティングを受けている可能性が高いのではないか．その欠失の親由来から考えると，PWSの遺伝子は父方発現であり，ASの遺伝子は母方発現であろうと予想できるのだ．例えば，PWSでは，父方発現の遺伝子は欠失でなくなっており，他方，母由来の遺伝子は働かないように刷り込まれているのではないか．その結果，PWS遺伝子は，全く働かないようになってしまう．

　1989年，米国ケース・ウエスタン・リザーブ大学のロバート・ニコルス博士らが，さらに不思議な事実を報告した．PWSの患者の一部では，2本の15番染色体がともに母由来であっ

た．他方，少数のAS患者では，15番染色体がともに父由来であることがわかった．つまり，PWSでは，父由来の活性な遺伝子は伝わらず，母由来で不活性に刷り込まれた遺伝子が2つ伝えられていた．逆に，AS患者では，父由来の不活性な遺伝子が2つ伝わっていた，というのである．病気の起こり方には，色々な機序があるものだ（図3-6）．

1994年，私たちは，PWSとASを詳しく調べているうちに，15番染色体の中にもっと小さな欠失があることを見つけた．驚いたことには，PWSでは，この微小な欠失をもつ父由来の染色体には，あたかも母由来の印づけがなされていたのだ．父由来で働くべき遺伝子が，不活性に刷り込まれていた．逆に，ASでは，微小な欠失をもつ母由来の染色体に，父由来の印がついていた．これらの印づけというのは，DNAのメチ

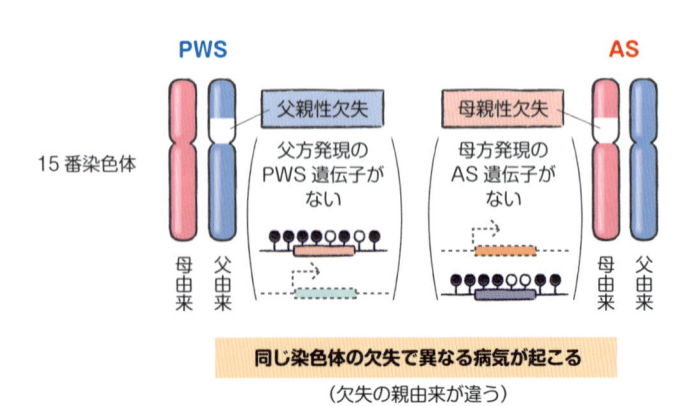

図3-5 ●プラダー・ウィリー症候群（PWS）と
アンジェルマン症候群（AS）

ル化であった.つまり,この微小な欠失のために,正常な刷り込みができなかったと考えられたのだ.こうして,15番染色体の上に,親由来に従ってインプリンティングを設定するのに必要な部分が存在することが明らかになったわけである(図3-6).

「症候群」という言葉は,いろんな身体症状を合わせもった状態や病気のことを示している.その後の研究で,ASの原因遺伝子の正体として,脳の神経で母方発現するタンパク質酵素の遺伝子が発見された.この1つの遺伝子の異常で,ASという病気が起こることがわかった.ところが,PWSの原因遺伝子については,現在も複数の候補があげられている.国

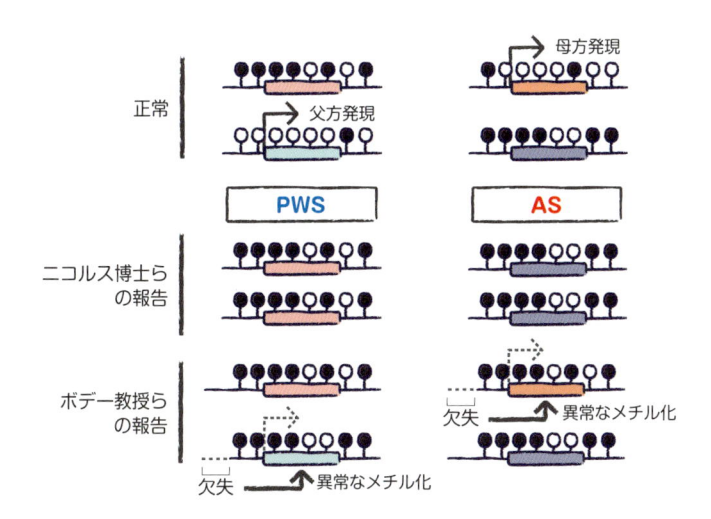

図3-6● PWS, ASの色々な起こり方

内では，日本プラダー・ウィリー症候群協会，エンジェルの会（アンジェルマン症候群児を持つ親の会）が，患者およびその家族について支援活動を行っていることを付け加えたい．

X染色体の不活性化

　インプリンティングと並んで，もう1つ，よくわかった印づけがある．それは，男女における違いである．男らしさ，女らしさという在り方があるかもしれないが，男女の違いを突き詰めて考えてみると，「ゲノム＝設計図」の中の性染色体に行き着いてしまう．ヒトは，全部で46本の染色体をもち，その中に，女性ならばXX，男性ならばXYの性染色体をもっているということは1章で述べた通りだ．

　男女の存在については，この性染色体に秘密がありそうなのである．X染色体は，約1.65億塩基対のDNAからなり，およそ1,500個の遺伝子が存在している．生命に重要な遺伝子が数多く含まれており，ヒトの病気の原因になる遺伝子も知られている．一方，Y染色体は，約0.6億塩基対と小さくて，遺伝子の数も50個程度に限られている．このように，Y染色体は，X染色体の3分の1くらいの大きさで，その大部分は，遺伝子を含まない配列，機能を失った見せかけの遺伝子（偽遺伝子）で構成されている．もともと，XとYの染色体は同じくらいの役割を果たしていたと考えられるが，生物の進化の過程で，Y染色体はその機能を失ったと推測されている．

そうして，男女の両性が生じた．しかし，その結果，XとYの染色体に存在する遺伝子の量に大きなアンバランスが生じてしまったのである．

XとYの染色体にある不均衡を是正するために，哺乳類の雌雄の間で，遺伝子の量を等価にする仕組みができたとしても不思議ではない．これが「X染色体の不活性化」という現象である．1961年に，メアリー・ライオン博士によって提唱された「ライオンの仮説」によって，次のように説明がなされた（**図3-7**）．ヒトを含めた雌の体細胞は，2本のX染色体をもっている．このX染色体のうち，1本は働いているが，もう1本は働いていない．すなわち，いずれか片方のX染色体は"ランダム"に不活性化されている．こうして，雌雄における遺伝子の量が等しくなったという考え方である．つまり，雌の体細胞では，活性なX染色体と不活性なX染色体を1本ずつもっている．他方，雄の体細胞では，活性なX染色

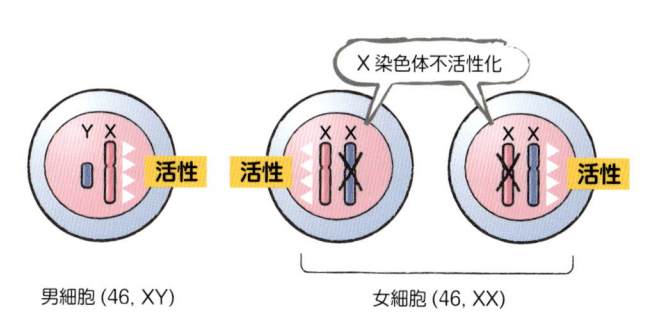

男細胞 (46, XY)　　　女細胞 (46, XX)

図3-7 ● X染色体の不活性化

体とY染色体を1本ずつもっている．その結果，雌雄いずれも，1本のX染色体が働くことになるのである．

実際に，頬の内側の細胞をぬぐい取って，染色体を色素で染めてみる[※3]．女性の体細胞では，その核内に1つの大きな"クロマチン"の塊を観察することができる．不活性化されたX染色体が凝縮して，1つの塊をつくっているためである．この「バー小体」とよばれる塊は，雌の体細胞にだけみられて，雄の体細胞にはみられないものである．

「X染色体の不活性化」は，どのようなメカニズムで起こるのか．これが不思議なのである．X染色体に小さな異常があるため，不活性化を受けることができないという，比較的に稀な場合が見つかった．このようなX染色体の異常を詳しく調べることで，X染色体の不活性化に必要な部分（XICという）が発見されたのである．このXICを失うと，そのX染色体は不活性化を受けることができなくなるのだ．そして，驚いたことに，ヒトとマウスで，不活性なX染色体のXICの部分から，例外的に転写される遺伝子が発見されたのである．XIST（イグジスト）と名づけられた．

XIST遺伝子は，不活性なX染色体から発現して，活性なX染色体からは発現しないという特徴をもっていた．しかも，XIST遺伝子から読まれたRNAは，タンパク質をつくることはなく，それ自体が特別なRNAであることがわかった．しかも，このXIST RNAに蛍光をつけて観察すると，細胞の中で，不活性なX染色体を取り囲むように集まっていたのである

※3 これは，病院の性別検査でも使われている．

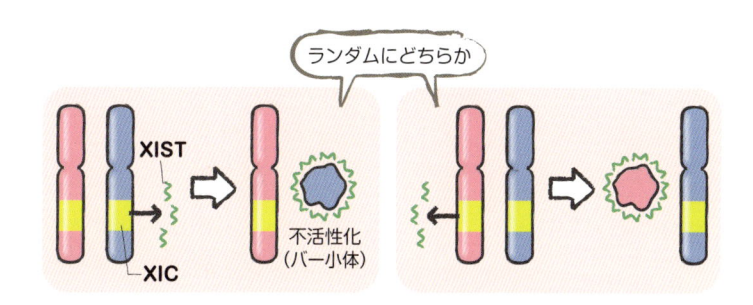

図3−8 ● XISTとバー小体

（図3-8）．まるで，不活性なX染色体を覆っている雲のようであった．今までに例のないRNAが発見されたのだ．

その後もいろんな研究が行われて，このXIST RNAが発現すると，そのX染色体にDNAのメチル化のような印がつけられて，染色体の全体が凝縮して不活性化されてしまうことがわかった．つまり，女性の体細胞では，XIST RNAの働きによって，片方のX染色体だけが働かなくなるという印がつけられるのである．

レット症候群

この章の最後として，X染色体とDNAのメチル化がかかわる病気をとりあげてみよう．それは「レット症候群（RTT）」とよばれるものである．RTTとは，ほとんど女性だけにみられる神経の病気であり，女児1〜2万人にひとりに起こると

いわれている．1966年にアンドレアス・レット（ウィーンの小児科医）が最初に報告したものである．

　生まれてから普通に成長していた女の子が，生後6カ月〜1歳半頃から，知能や言語・運動に遅れが起こってくる．できていたことができなくなるので，成長が後戻りするような感じである．これは，親にとっても大きな戸惑いになる．両手をもむような動作，手をたたいたり，手を口に入れる動作を繰り返すようになる．けいれん，自閉的な傾向が出てきて，小さな頭囲などがみられる．歩き方も不安定である．

　RTTが，女の子だけに起こることは，X染色体に原因があることを意味している．なぜならX染色体を1本しかもたない男性は，RTT遺伝子に異常が起これば，おそらくそもそも生存できないのであろう．一方，女性では「ライオンの仮説」にあるように，2本のX染色体をもって，そのうちの1本がランダムに不活性化されている．正常と異常の遺伝子をもっていても，身体の中の半分くらいの細胞では正常な遺伝子が働くので，生存できるのだ．そうして，この病気が生じるわけである．

　ベイラー医科大学のフダ・ゾグビ教授のグループは，RTTの患者の中で，X染色体の特定の部分（Xq28とよぶ）に稀な異常があることを見つけた．当時，留学中の私もそのディスカッションの場に参加していたが，RTTでは，X染色体のこの部分に原因遺伝子がありそうだとわかったのである．しかし，今から思えば，当時の技術や機器の能力は低く，まるで広大な海の中から小さな1個の宝石を探し当てるような能率

の悪い作業の連続であった[※4].

そういう状況の中に，1999年，X染色体にあるMECP2という遺伝子の異常によって，RTTが起こることがわかった．調べた患者の多くに，MECP2遺伝子の異常がみられたのだ．ほとんどの場合，MECP2遺伝子の異常は，患者で新たに起こったもの（いわゆる突然変異）であって，親から直接に遺伝したものではないこともわかったのである．

2章の「付箋のような法則」のところで述べたように，MECP2とは，メチル化されたDNAに結合して，遺伝子の転写を抑制するタンパク質である（**図3-9**）．つまり，DNAのメチル化という印づけは，このタンパク質によって認識されて，遺伝子の発現を抑制しているのだ．そうすると，RTT患者にみられるようにMECP2に異常が起きると，DNAのメチル化の本来の働きが失われてしまうというわけである．

その後MECP2は，脳や神経の働きに重要なタンパク質であることがわかってきた．さらに，MECP2がうまく働かないと，女性における学習の障害，精神発達の遅れ，自閉症の原因になるかもしれないとも考えられている．このように症状や程度が多様であるのは，X染色体の不活性化が影響しているのであろう．つまり，異常なMECP2遺伝子が相対的に多く不活性化されると，症状は軽くなる．逆に，正常な遺伝子が多く不活性化されて，異常なMECP2遺伝子がより働くと，病気は重くなるというわけだ．この病気についても，日本レッ

※4 少し専門的なことを言えば，8,000,000塩基対のXq28領域を調べ，MECP2遺伝子のエキソン部分（1,800塩基対）を探し出す実験である．

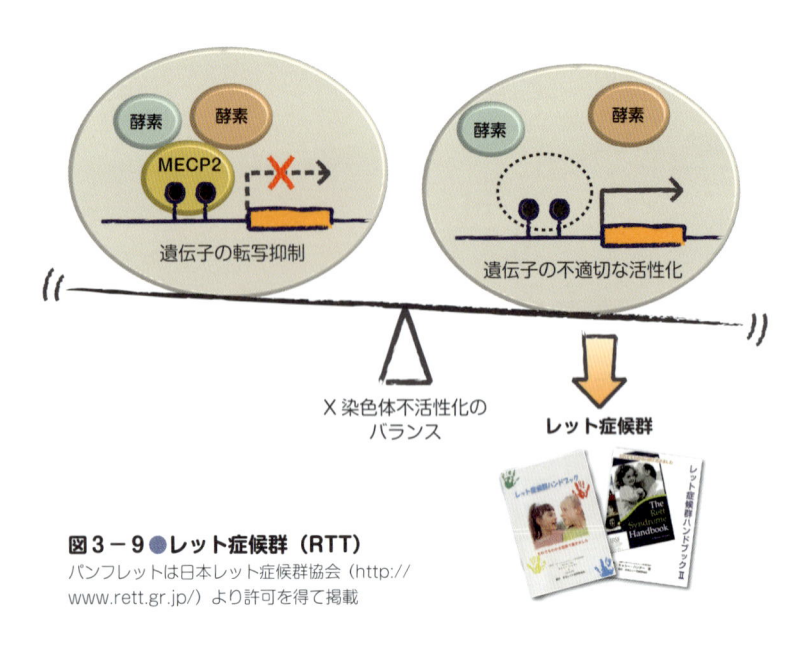

図3-9●レット症候群（RTT）
パンフレットは日本レット症候群協会（http://www.rett.gr.jp/）より許可を得て掲載

ト症候群協会，レット症候群支援機構が様々な支援活動を行っていることを付け加えたい．

　この章では，印づけられたゲノム（エピゲノム）は，ヒトの生命現象や生まれつきの病気にかかわることを述べてきた．発生の過程で「遺伝子の働き方」がプログラムされているので，このプログラムに何らかの異常が起こると，病気につながることが次第に明らかになってきた．特にそのような現象は，インプリンティング遺伝子やX染色体の印づけとの関係が，よく知られるようになってきている．

Column

老化のプログラム

　生まれることの対極にあるのが，老いることである．しかも，生まれることは，そのまま老化につながっていく．つまり老化は，生命のプログラムに予定されたイベントなのである．老化を「加齢とともにゆっくり進行する，生理的および病的な変化を総称したもの」としてみよう．その過程には，きわめて多くの因子がかかわり，しかも，老化そのものがそれらの因子に幅広い影響を与える．

　老化は，健常な状態と共存しながら，がん，生活習慣病，脳の病気の発症や進行にもかかわってくる．"年のせい"というのも，何となしに身体の機能が低下してきた感じである．年齢とともに健康と病気が切り離せなくなるのは，老化のプログラムを考えるうえで，大切なポイントになりそうだ．今までに，ゲノムの傷を修復する遺伝子に異常があると，早老症という，老化を加速する病気を起こすことが知られている．細胞が老化すると，DNAのメチル化のパターンも次第に変化していく．まるで老化の印づけがエピゲノムに書き込まれるようである．老化のプログラムの研究は，これからの大切な課題である．

4 万能細胞と臓器をつくる

体細胞のリプログラムの発見

　私たちの発生は，生命のプログラムによって精緻に制御されている．では発生の仕組みをうまくコントロールすれば，再生医療に必要な細胞や組織をつくることができるのではないか．このようなアイデアで，幹細胞を用いた研究が進んでいるところだ．その最前線で注目を集めるのが，**2章**でも触れた「**細胞のリプログラム**」という現象である．その大きな契機となったのは，記憶にも新しい，次の出来事であろう．

　2012年，英国ケンブリッジ大学のジョン・ガードン，京都大学の山中伸弥の両教授が「成熟した細胞が多能性にリプログラムされうること」に関する発見で，ノーベル生理学・医学賞を受けた．人の手で操作することによって，身体を構成する成熟した細胞を幹細胞に引き戻すことができるという

発見が評価されてのことである（**図4-1**）．幹細胞は多能性をもつ細胞であり，"多能性（多分化能）"とは，多くの細胞種

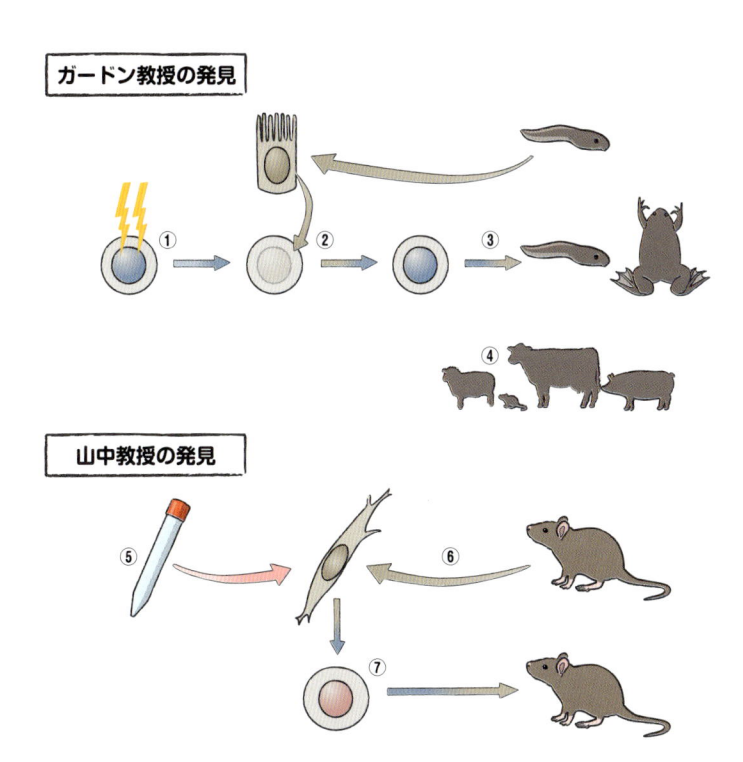

図4－1 ● 体細胞のリプログラムの発見

ガードン教授はカエル卵の核を除去し（①），オタマジャクシの体細胞から取り出した核を移植した（②）．すると，この体細胞の核が入った卵から正常なオタマジャクシが生まれてきた（③）．この核移植実験は，様々なクローン哺乳類の誕生をもたらした（④）．一方で山中教授は，4つの遺伝子（⑤）をマウスの皮膚の細胞に入れることで（⑥），分化した皮膚細胞を多能性幹細胞にリプログラムできることを示した（⑦）．この細胞は再びマウスをつくりあげる能力をもっており，iPS細胞と名付けられた．図はノーベル財団のプレスリリース（www.nobelprize.org/nobel_prizes/medicine/laureates/2012/med_image_press_eng.pdf）より引用

に分化できる能力,言わば"種"のような性質である.このため,分化した体細胞を幹細胞にリプログラムすることを「初期化」ともよぶ.あたかも中古のコンピューターを新品の状態にリセットするような感じだ."同じゲノムをもつ細胞が異なる細胞に変わる"という＜エピジェネティック＞の代表的な例とも言える.これが,人為的に可能であるという事実に,世界中が衝撃を受けたのである.

ガードン博士は1962年,カエルの卵(1つの大きな細胞)からその核を除いた後に,成体の体細胞から取り出した核を移植した.すると,核の中の中古の設計図(DNA)はまっさらに初期化され,あらたに卵として発生をやり直し,クローンのカエルができたのだ.そして,この随分と先行した研究が,2006年に山中教授のグループが発表したiPS細胞の研究を強く後押しした.時や場所を超えて,サイエンスの点と点が太い線でつながった.

遡れば,19世紀から議論が続いてきたことがあった.植物や動物において,分化した体細胞は,全ての遺伝情報を維持しているのか,あるいは,分化の過程で遺伝情報の一部を失っているのか.発生の過程で,細胞の核は保たれているのだろうか.その当時の研究の技術や知識を駆使しながら,何度となく試行錯誤がなされてきた.これに最初に答えたのが,ロバート・ブリッグスとトーマス・キングであった.1952年のこと,核を取り除いたカエルの卵に,受精後に発生途中の初期胚から取り出した細胞核を移植したのである.胚細胞が核を与えるドナーに用いられたことから,「胚細胞核移植」と

よばれている．その結果，オタマジャクシをつくることに成功したのだ（**図4-2**）．ところが，発生がより進んだ細胞の核をドナーに用いると，移植された卵の発生能力が次第に低下していくこともわかった．このことから，成体の体細胞を用いた核移植では，発生が進む確率はかなり低くなるだろうと予想されていた．

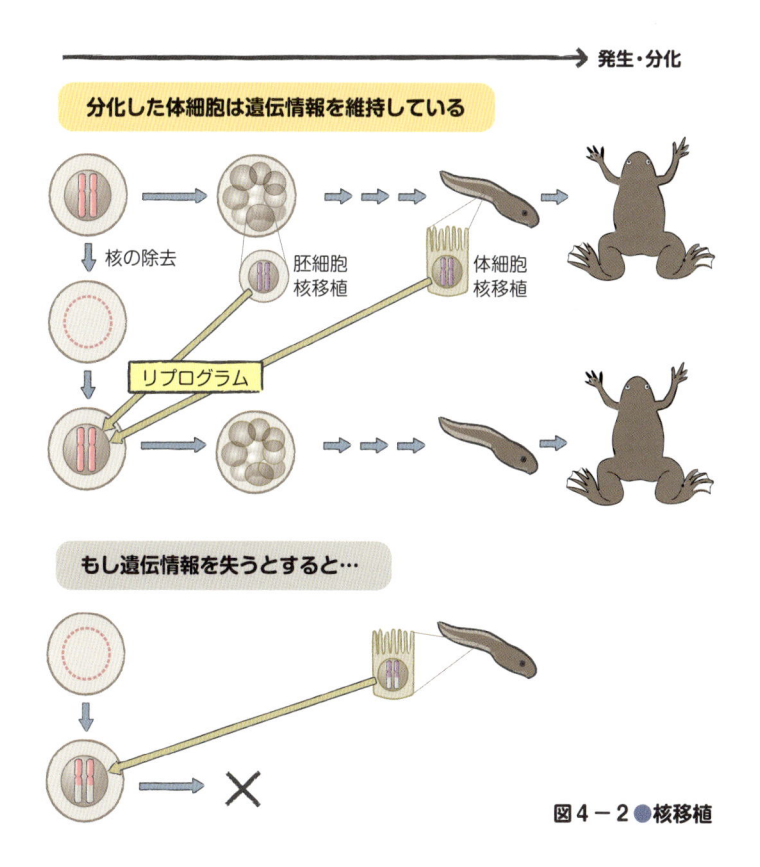

図4−2 ●核移植

ガードン博士は，カエルの卵から核を除去して，オタマジャクシの腸の細胞核を入れ込む実験を行っていた．そして，発生が最後まで進む確率は確かに低かったが，核移植を受けた卵からオタマジャクシを誕生させ，カエルに成長させることに成功したのだ．これが「体細胞核移植」とよばれるものだ．その結果，以前からの疑問に答えるように，分化した体細胞は全ての遺伝情報を維持していることが実証された[※1]．また，分化にともない失われるように見える全能性は，核移植などの方法でリプログラムし初期化できることがわかった．このように，大きな卵で操作も比較的に容易なカエルを用いた実験がうまくいったことで，次に動物で同様の研究が予定されることになった．

体細胞クローン動物は完全か

　クローン生物の作製が可能であることが明らかになる中で，もっともインパクトが大きかったのは，1997年，クローン羊のドリーの誕生であろう（**図4-3**）．スコットランドのロスリン研究所のイアン・ウィルムットとキース・キャンベルの両博士らが報告したものである．カエルの実験と同じように，未受精卵から核を除いて，代わりに成体の乳腺細胞の核が移植された．そうして，世界初の体細胞クローン動物が誕生す

[※1] ただし，細胞のリプログラムの過程で，遺伝子に傷が入ったり，遺伝子の印づけがうまくいかないことがある（その場合，発生・分化が途中で止まってしまう）．

ることになった．これは，未受精卵の中で，移植された体細胞核が初期化されて，全能性を獲得したことを示しているのだ．ところが，数百回以上の核移植実験で，たった1頭しか生まれなかった．このため，彼ら自身も，また他のグループもこの実験を再現しようにも，それ自体が難しかった．一般に，その研究が真に認められるためには，結果の再現性は欠かせない．真偽が問われながらしばらく経った後，マウス，ウシにおいて体細胞クローンがつくられたことで，クローン動物の作出が可能であることがあらためて実証されたのである．現在までに，多くの哺乳類で体細胞由来のクローン動物が誕生したことが報告されている．

ところでドリーの出生後の経過については，どうだったのだろうか．ドリーは，6歳の羊から体細胞核を受けているので，全ゲノムをもっているとはいえ，誕生時に6歳の染色体になっているのではないか．なぜなら，老化とともに，染色体の両端にあるテロメア※2という部分が短くなることが知ら

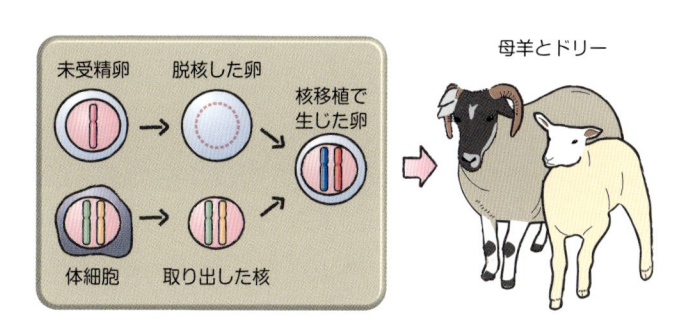

図4-3●体細胞クローン動物の誕生

れているからだ．つまり，生まれつき老化しているのではないかという議論があった．

羊の寿命は12歳前後と知られるが，5歳の頃にドリーは関節炎を発症して，しだいに衰弱していった．老化が早く進んだ可能性もあるが，外傷など全く別の原因でも起こりうるので，明確な結論には至っていないようだ．そして，6歳7カ月で，その生涯を閉じた．

今までに，体細胞由来のクローン動物について，どのような特徴が知られているのだろうか．まずは，誕生まで発生できる例が，確率的にかなり少ないことである．胎盤がうまく形成されなかったり，胎仔の発生異常が起こる場合が知られている．一見，健康体に見えても，その後に肥満が起こり，寿命が短い場合もあるようだ．そして，詳しく調べると，遺伝子の発現や染色体に変化があることもわかってきた．つまり，何らかの異常が起こる可能性は十分に予期されるのである．分化した体細胞では，使われない遺伝子はDNAのメチル化などによって抑制されている．リプログラムの過程で，このような体細胞由来のゲノムが＜エピジェネティック＞にリセットされるのは，かなり低い確率なのであろう．言い換えると，初期化は不十分でも，クローン動物の発生の過程の中で，どうにか生存できるようにプログラムが書き直されて，ごく一部の個体が誕生して成長に至るというわけである．

生物のクローンに関して，私たちはどのように受けとめた

※2 染色体の末端にあって，染色体を保護するキャップのような構造．細胞分裂とともに少しずつ短くなり，細胞の寿命にかかわると考えられている．

らよいのだろうか．自然界の摂理に合っているとは言い難いので，研究者だけでなく，社会の中で議論されるべきものであろう．今後も技術や設備などが進歩していくので，ヒトおよび生物に関するクローンについて慎重な議論が必要である．このため，研究者側は，正確にわかりやすく説明する責任をもっている．

iPS細胞という発想

　再生医療の研究で主役になる「幹細胞」とは，どんなものであろうか，あらためて考えてみよう．多能性をもつ細胞，あるいは，1つの細胞から特定の組織を形成できる細胞を総称してよんでいる．まさに"種"のような細胞である．その代表格は「ES細胞」であるが，初期胚（胎児）を壊してつくることから，根本的に避けられない生命倫理の問題を抱えている．これに対して，体細胞から誘導できる「iPS細胞」は，この問題を現実的に回避できるメリットがあるのだ．ES細胞とiPS細胞は，兄弟のようなものである．兄弟とは，似て異なる特徴をもつと述べたが，この場合もそうである．ES細胞を調べることで，iPS細胞が発見されたわけである．

　当初の山中教授のグループは，マウスのES細胞だけで高く発現する遺伝子群を選び出して，次々に解析を進めていた．先に述べたガードン博士の体細胞核移植の実験から，卵細胞が初期化の能力をもつことがわかっていた．また，電気やウ

イルス・試薬を用いて，異種の細胞を引っ付ける細胞融合という方法がある．体細胞とES細胞を融合すると，体細胞核がES細胞の核のようになることから，ES細胞には体細胞を初期化する能力があることが多田 高博士らによって示された．つまり，初期化にかかわる遺伝子を発現しているだろうということだ．多くの研究者が積み重ねてきた成果のうえに，様々な実験が行われて，最終的に，初期化を起こす4つの転写因子（山中4因子とよばれる）の組合せがわかったのである．それには，ES細胞で特異的に発現する遺伝子，細胞を形質転換して増殖を促進する遺伝子が含まれていた．

このiPS細胞の発見につながった発想とは，何であろうか．新しい何かに挑戦する際に，大いに参考になる点である．第一に，「分子からリプログラム」に迫るアプローチであったことだ．体細胞の初期化に取り組んだ研究者は，今まで世界中でかなりの数いたはずである．外から遺伝子を導入して，細胞の変化をとらえるという実験も，どこの研究室でも普通に行われている．そういう中で，候補の遺伝子をグループで，あるいは個別に導入して，線維芽細胞がES細胞のように変わるかというアイデアで，地道な努力がなされたのである．候補にあげた遺伝子で十分かどうか，誰も事前に結果を予測できなかったであろう．その一方で，他の多くの研究者は，ES細胞を駆使して，初期化というリプログラムの現象を調べていた．しかし，「リプログラムから分子」を特定するアプローチは容易ではなかった．むしろ，本来の発生のプログラムを知るために，このアプローチは継続されている．山中グルー

プの進め方は，最初に分子から出発して，細胞にリプログラムが起こるか否かを検証するので，その因果関係は明確だった（図4-4）．優れたアイデアがきちんと実行されたことに大きな意義があった．

　第二に，iPS細胞の発想には，「連続性と不連続性」があることだ．研究者であれば，誰でも，自分が興味をもち，重要性を感じるテーマに取り組んでいる．研究とは，コツコツと積み上げて，学問的にどこまで高く積み上げるかという側面

「分子からリプログラム」のアプローチ（山中グループ）

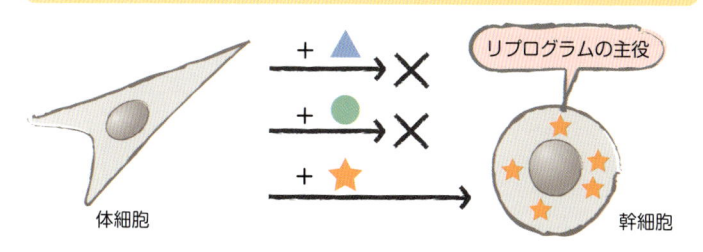

体細胞 → 幹細胞
リプログラムの主役

「リプログラムから分子」のアプローチ（他のグループ）

たくさんあるから大事なのかな？
体細胞には無いから大事なのかな？
ES細胞　　体細胞

図4-4● iPS細胞の発想

がある．大体，職人的な取り組みなのである．そのため，今まで行ってきた内容と重なりながら，次の展開に進むことが通常である．自分の枠から外には出にくい．枠の外に出ると，そこには別の畑の専門家が数多くいるからだ．

　発想の連続性としては，山中グループが，ES細胞だけに発現する遺伝子群の研究に着実に取り組んでいたことがあげられる．その延長線上に，これらの分子を使って，体細胞をES細胞に変えることができないかという，目標が立てられたのであろう．ES細胞の倫理的な問題を回避して，何と言っても，自分由来の幹細胞ができれば，将来の医療に使えるかもしれない．こんなことができないかという，ドラえもん的な創造力が感じられる．この目標を実現するためには，誰も予測できない，不連続な部分を乗り越える必要がある．詳細は他書に譲るが，多くの遺伝子の組合せの中から，たった4つを選び出した．この不連続な部分にこそ，確率は低いとしても，世界中の人が驚くような，大きなブレークスルーの可能性があった．

　第三に，その発想には「物づくり」の考え方があることだ．生命科学の研究者は，まずはメカニズムの解明に重点をおくことが多い．そのため，研究者は時間をかけて，好奇心を増幅しながら進めることができる．例えば，ES細胞1つをとりあげても，興味は尽きないものである．その一方では，困ったことに興味をとことん追究する結果，研究自体が極めて専門的で細かくなりがちである．一般の人に話しても，なかなか伝わらない．これとは対照的に，iPS細胞という物づくり

を当面の目標にすれば，その必要性や重要性はわかりやすい．今や，万能細胞としてのiPS細胞がもつ意味は，子どもまで理解しているであろう．要するに，物づくりの後に，そのメカニズムを解明すればよいのである．山中4因子でどうして多能性が誘導できるのか．現在，その＜エピジェネティック＞なメカニズムの解明が進められている．

　iPS細胞の＜エピジェネティック＞なリプログラムの機序が明らかになれば，その価値はもっと高まるはずである．ES細胞とiPS細胞は，兄弟のようなもので，似て異なる特徴をもつと述べた．再生医療への応用を考えると，ES細胞とiPS細胞で，何が同じで，何が違うのかを知ることも，基本的に重要なことであろう．

私たちの身近な幹細胞

　ES細胞とiPS細胞について述べてきたが，私たちの身体の中には，もう1つ，重要な幹細胞が知られている．例えば，手に傷ができても，しばらくすると自然に治る．つまり，生涯の間，成人の組織を維持したり，修復する細胞があるのだ．このように，各組織の"種"のような細胞を「組織幹細胞（成人幹細胞ともいう）」とよんでいる．それぞれの組織の名前に従って，造血幹細胞，神経幹細胞，皮膚幹細胞などである．他にも，筋幹細胞，腸幹細胞，生殖幹細胞，骨芽細胞が知られている．これらの組織では，新旧の細胞が入れ替わりなが

ら，よく働くように維持されている．組織幹細胞は，特定の組織をつくるように，分化の"方向性"が決まった幹細胞なのである．

　私たちに寿命があるように，生きた細胞も，それぞれに寿命をもっている．例えば，消化管の上皮細胞【24時間】，赤血球【120日】，骨細胞【数年】，そして心筋・脳神経細胞【ほぼ一生に近い】である．細胞が入れ替わる，その新陳代謝のスピードは，かなり違っているのだ．ここでは，わかりやすくするため，組織幹細胞を2つのタイプに分けて考えてみよう（**図4-5**）．

　第一のグループとして，腸，造血，皮膚，生殖などの幹細胞は，いつも分裂しながら，新しい細胞を供給しているタイプである．例えば，古い細胞が，肌から垢として出たり，髪

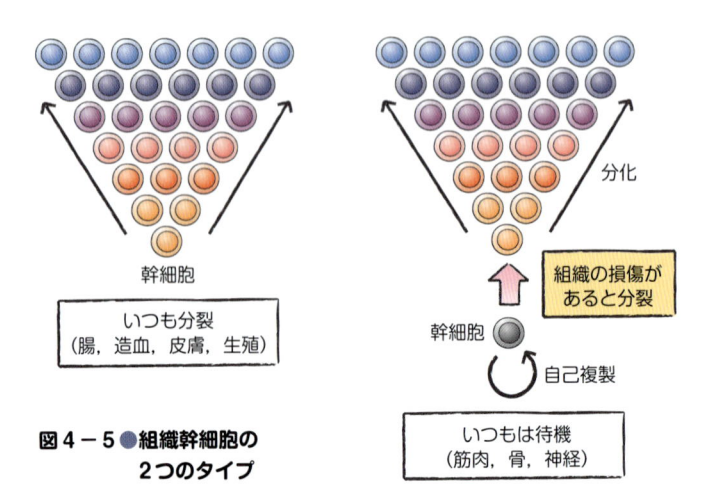

図4-5 ●組織幹細胞の2つのタイプ

第4章　万能細胞と臓器をつくる

の毛や爪が伸びる．女性では，ほぼ定期に排卵が起こり，男性では多数の精子が形成される，などである．いつも働いている幹細胞と言えよう．

　第二のグループとして，筋肉や骨，末梢神経などの幹細胞は，通常，眠った状態でじっと待機しているタイプである．もしも組織の損傷が起これば，眠っていた幹細胞が目覚めて，再生が始まるのである．例えば，激しい運動をすると，身体が痛くなる．多少なりとも筋組織が傷ついたのである．このような筋力トレーニングで損傷と修復を繰り返すと，筋幹細胞がたくさん働いて，筋組織は太くなるのである．逆に，筋肉を使わないと，細くなる．けがで1カ月もギプスを巻いて動かさないと，はっきりと衰える．これは筋幹細胞が，言わば，いつも待機している幹細胞だからである．

　身体づくりの発生の過程で，これらの幹細胞はどのように位置づけられるのだろうか．分化の進む順序から見れば，「ES細胞・iPS細胞→組織幹細胞→分化細胞」である．胎児期に近いES細胞やiPS細胞は"多能性"という性質をもつため，多くの種類の細胞に分化することができる．その次にある組織幹細胞は，ある特定の細胞に分化して，その組織をつくるように運命づけられている．このように，3つの段階で考えることができる．

　では，幹細胞が次の細胞に分化できるのは，なぜだろうか．幹細胞の実体については，まだ不明の点が多い．ならば，どのようなエピゲノムの印づけをもっているのだろうか．面白いことに，多能性をもつ幹細胞は，遺伝子に特有の印づけを

もっていることがわかってきた．**2章**で触れたように，幹細胞では，全ての遺伝子の約70％が使われており，他方，分化した細胞では約30％の遺伝子が使われている．つまり，幹細胞は，多くの遺伝子を低く転写しながら使える状態にしているようだ．そして，「エピゲノムの付箋のような法則」では，使う遺伝子と使わない遺伝子がマークされていると述べた．使う遺伝子には活性なマークがつけられており，他方，使わない遺伝子には不活性なマークがつけられている．詳しく調べてみると，幹細胞では，多くの遺伝子のプロモーター部分には，ヒストンに活性なマークと不活性なマークが両方ともつけられていたのだ．分化した細胞では，使い方に一致して，いずれか一方のマークになる．言わば幹細胞は，遺伝子に両方向の付箋をつけて，分化の過程でその使い方を決める，というスゴ技である（**図4-6**）．このような仕組みで，幹細胞は異なった種類の細胞に変わることができるように"待機"している状態なのだ．

　ES細胞やiPS細胞からは，実際に，いろんな細胞を誘導できるメリットがある．しかし，ある特定の細胞だけを誘導する場合は，その分化の効率が低いことも課題なのである．これに比べて，取り扱いが簡便で，分化効率も高い組織幹細胞があれば，医療に応用するには実用的なのだ．このような理由から，組織幹細胞を身体から取り出して活用するような，細胞の補充や特定の組織の再生を目指した研究も進んできた．具体的な例をあげてみよう．

　すでに医療の場で利用されているのが，赤血球，リンパ球，

血小板など，全ての血球をつくる造血幹細胞である．多くの病院で，骨髄移植や造血幹細胞移植は，白血病の治療などに広く使われてきた．これは，造血幹細胞（骨髄細胞やさい帯血に含まれる）の補充に当たるのである．すなわち，血液という組織の再生と考えることができるのだ．

　また，目のもっとも外側を被っている角膜が傷ついた場合はどうだろうか．損傷のない側の角膜から未分化な細胞を取り出して，試験管内で増やして損傷部位に移植するという，角膜移植も進められているのだ．このように，自分の身体から採取した，組織幹細胞を使うことができれば，ドナー不足や免疫による拒絶反応の問題を避けることできるのである．

　このような中に，大きな期待がよせられているのが，間葉系の幹細胞である．間葉系とは，骨・軟骨・脂肪・筋肉・皮

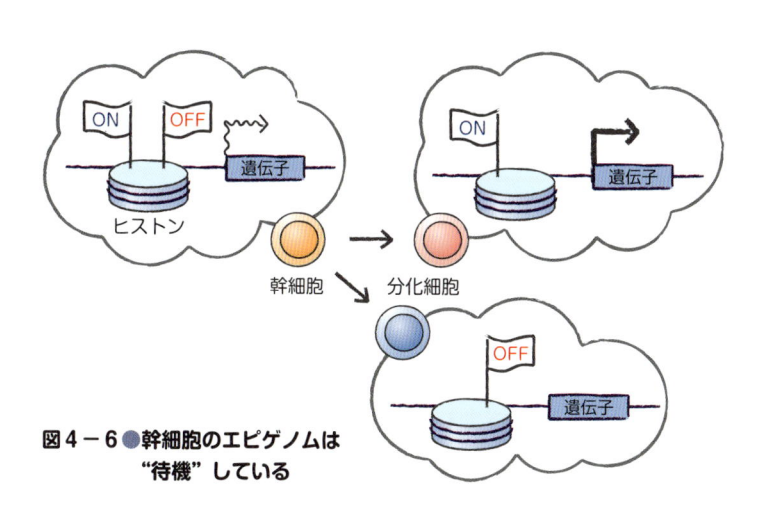

図4-6 ● 幹細胞のエピゲノムは"待機"している

膚などの細胞や組織であり，私たちの身体を支持する役割をもっている．身体全体の屋台骨のような組織である．間葉系の幹細胞は，横長の紡錘形をしていて，線維芽細胞によく似た形状である．この細胞の特色は，ES 細胞や iPS 細胞と，特定の細胞に分化する組織幹細胞との中間くらいの能力をもつことである（**図4-7**）．なぜならば，全能ではないが，心筋，血管など，広い範囲の細胞や組織に分化することができるからである．

間葉系の幹細胞は，おもに骨の内部の骨髄に集中して存在している．このため，医師が骨髄穿刺という方法で比較的に容易に採取できて，その培養方法も確立されている．方法や扱い方がわかっているのは，何よりも安心感があるのだ．現

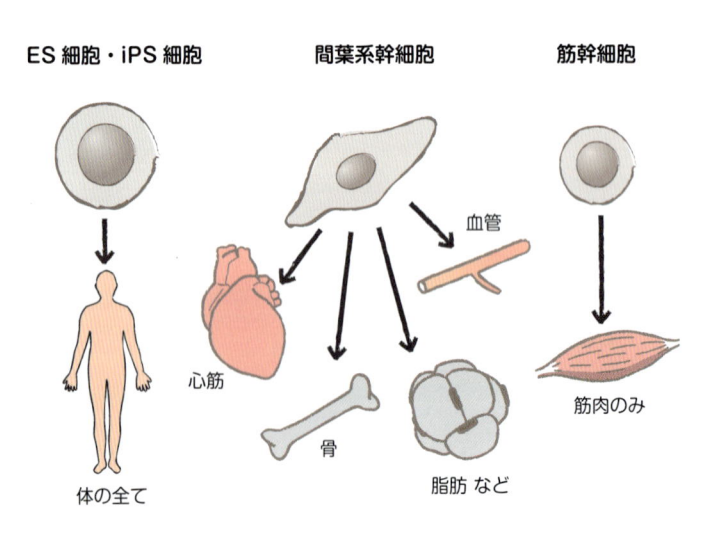

図4−7 ●間葉系幹細胞の多分化能

在，この細胞を取り出して，増やして細胞移植に用いようとする試みが急速に進んでいるところだ．

不均等な細胞分裂 —"親ばなれ"する娘たち

　私たちの身体の中で，組織幹細胞はどのように維持されているのだろうか．これが若さを保つ秘訣になりそうである．例えば子どもは傷口が治りやすいが，年をとるにつれて治り難くなる．おそらく，年齢とともに，皮膚の幹細胞が少なくなるからであろう．私たちが，生涯を通して，この幹細胞を保持していくための特別な仕組みがあり（図4-8），その故障が老化をもたらすと考えられそうなのだ．

　普通に細胞分裂といえば，1つの細胞から2個の同じ細胞が生じる（均等な分裂）．元の母細胞から，2つの娘細胞ができるので，どちらが母細胞だったかはわからない．しかし，幹細胞が分裂する場合には，質的に異なった細胞を生じる（不均等な分裂）．母細胞が分裂して，母細胞と娘細胞になる．つまり，幹細胞から生じた2個の細胞のうち，1つは同じ幹細胞であるが，もう1つが娘細胞に分化する．こうして，幹細胞を保持しながら，必要な分化細胞を供給する仕組みをもっているのだ．これが自己複製能とよばれ，発生の過程や生後に各組織を維持するうえにおいて，重要な役割を果たしている．

　では，どうして不均等な分裂が可能なのか．それは骨髄の

中の造血幹細胞，卵巣や精巣の中の生殖幹細胞の振る舞いを観察することでわかってきた．幹細胞の回りには，それを支持する間葉系の細胞がある（間質細胞ともよぶ）．幹細胞は，これらの細胞と接着して存在している．接着した細胞の間では，タンパク質などを介して，お互いにシグナルを送り合っているのだ．こうして幹細胞は，未分化な状態を保持して，分化する能力を維持しているのである．というのも，よく見ると，分裂の後に，間質細胞に接する細胞は幹細胞のままであるが，間質細胞から離れてしまった細胞は分化の方に進んでしまうのだ．細胞間のシグナルがなくなると，分化のスイッチが入る．まるで，子どもが親から離れて，独立していくの

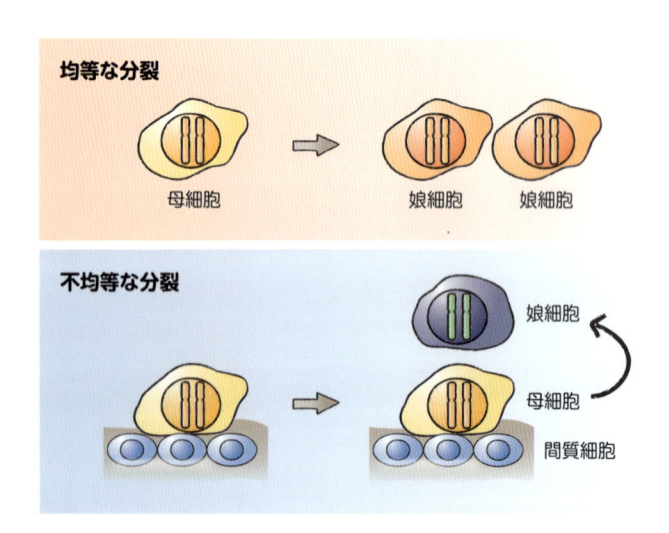

図4-8●幹細胞の分裂のしかた

第4章 万能細胞と臓器をつくる

に似ているではないか.

同じような機序が,神経の発生でもみられることがわかった（**図4-9**）.神経の組織ができる過程では,最初に,神経幹細胞から神経細胞が生じる時期があって,その後に,神経幹細胞からグリア細胞が生じる時期になる.グリア細胞とは,神経細胞の周りでサポート役を果たすものだ.神経幹細胞から神経やグリアへの分化は,同じような不均等分裂によると考えられている.面白いことに,神経に分化する時期には,

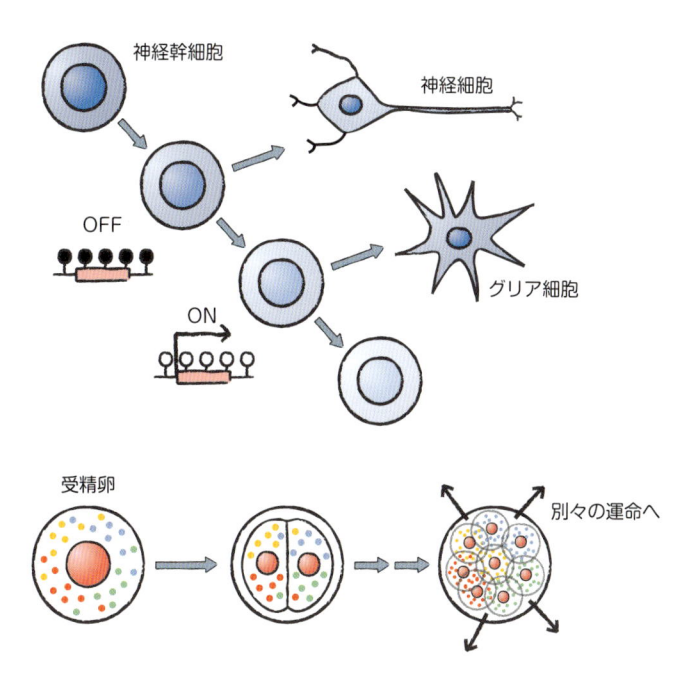

図4－9 ●不均等な分裂と細胞の運命づけ

グリアに必要な遺伝子はDNAのメチル化で抑制されているため，グリア細胞には分化しない．グリアに分化する時期になると，そのメチル化が外されて，グリア細胞になることができる．発生のプログラムの例なのである．

もう1つ，不均等な分裂の例が知られている．それは，卵の成熟過程や受精卵の分割などでみられるものである（図4-9）．これらの細胞の中では，特定のRNAやタンパク質が偏って分布している．その状態で分裂が行われると，これらのRNAやタンパク質を多く含む細胞と少なく含む細胞が生じることになる．こうして，細胞の中に含まれる組成が違うために，母細胞から異なる2個の娘細胞が生じる．こうして，初期胚の卵割では，分裂の方向や位置に従って，細胞の運命づけがなされるわけである．

再生医療に向けて

ここまで紹介してきたような幹細胞を用いて，再生医療に必要な細胞・組織をつくる研究が進んでいくだろう．再生医療は，従来の移植医療に代わる方法として高く期待されている．特に，立体的な臓器をつくる研究は世界中で始まったばかりなので，これから注目に値するところだ．発生の過程では，細胞が集まって組織となり，各々の組織が空間的に配置され，そこに血管や支持組織が入り込んで，特定の機能をもつ臓器（または器官）ができる．しかし，生体内で自然に進

む工程を，身体の外で人為的に行うには格段にハードルが高いのである．基本的に，発生と再生のスタートとゴールは同じなので，途中も同じ経路で進むはずだから，「発生のプログラム」を用いることに他ならないわけではあるが．

先程から述べてきたように，「ES細胞・iPS細胞→組織幹細胞→分化細胞→組織・臓器」という経路を理解し，再現する必要がある．現在のところ，この流れには，少なくとも3つのハードルが予想されている（図4-10）．第一に，身体を構成する体細胞から幹細胞を誘導することは可能か．これは，iPS細胞の誕生によって，攻略の入り口がわかったところだ．さらには，iPS細胞と同じアイデアを使って，体細胞から直接に心筋細胞や肝臓の細胞をつくることもできた．心筋や肝臓の発生分化にかかわる転写因子を用いた「ダイレクトリプ

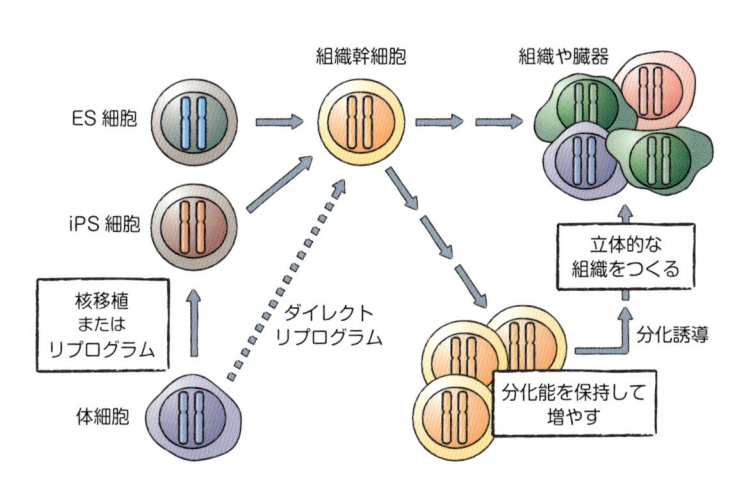

図4-10 ●再生医療を実現するには

ログラム」とよばれるものである．第二に，幹細胞を必要な細胞に分化誘導する効率を高くできるか．すなわち，目的の細胞を多量につくることが可能か．しかしながら，この点は，改良の余地が随分と大きいのだ．分化誘導の効率は，さほど高くないのが現実である．細胞の成長因子や薬剤を用いた方法などが試行されているところだ．第三に，平面の細胞シートだけでなく，立体的な組織をつくることが可能か．例えば，肝臓，膵臓，腎臓のように複雑な構造をもった組織がつくれるか．これは，将来への大きな課題である．

　ところで，再生医療を実現するうえで，最も優先されるべきは，何であろうか．それは安全性と有効性である．誘導した細胞がいかに有効であっても，安全でなければ医療には使えない．幹細胞を利用する場合に，最初に懸念されているのが，がん化の可能性である．例えば，ES細胞やiPS細胞が成体の組織に導入されると，"奇形腫"という腫瘍を発生することが知られている．奇形腫とは，**3章**で紹介した雌性発生のように，色々な組織由来の部分片が入り交じった腫瘍のことである．マウスなどを用いた動物実験で，ES細胞やiPS細胞を初期胚に注入すると，それらは正常な個体の発生に参加して，身体中の細胞や組織をつくることができる．その一方，成体の組織に注入すると，がん細胞になるのである．幹細胞は，それが置かれる環境で＜エピジェネティック＞に違った性質を示すのだ．

　この事実からわかるように，移植片はES細胞やiPS細胞などが混入したら，がん化の恐れが出てくる．つまり，成体に

第4章　万能細胞と臓器をつくる

移植する場合には，完全に分化した細胞を調製する必要があるのだ．そのうえ，ヒトの寿命は長いので，分化した細胞を移植しても，10年，20年と長期間にわたって正しく働くか，途中からのがん化はどうか，全く未知数なのである．動物を用いた実験を繰り返すとしても，ヒトではどうかの確証を得るのは，なかなか難しいことである．

　このように，再生医療を実現するためには，目的の細胞・臓器をつくる研究と，つくった細胞や臓器を質的に保証する研究は，車の両輪のように一緒に進まなければならない．先進医療には，その治療を受ける人の安全性と有効性が確保されることが，何よりも欠かせないからである．現在，エピゲノムの研究は，幹細胞や分化した細胞が本当にそうであるかを確認できる，最も有効な手段であると期待されている．なぜならば，遺伝子から転写されたRNAや翻訳してつくられたタンパク質は，条件次第で刻々に変化しやすいものである．例えば，私たちの症状や検査の値のようなものである．しかし，エピゲノムの修飾は比較的に安定であることから，その細胞に固有の印づけを調べることができるわけである．言わば，今まで蓄積した履歴のようなデータなのである．

　この章の最後に，わが国の移植医療の現状についてふれたい．外科的な移植技術は着実に進歩しているが，ドナーとレシピエントの双方に万全な体制はまだ整っていない状況にある．平成22年7月から改正臓器移植法が施行されて，15歳未満の小児の脳死移植も法的に可能になった．脳死状態からの臓器提供例が順次報告されているが，医療の現場における

課題は数多く残されている．

　脳死や臓器移植の医療体制が成熟するには，国民的な理解とともに，必要な法整備や臓器移植ネットワークの体制づくりが望まれる状況にある．また，慢性的なドナー不足のために，海外渡航による移植例があるなど，その改善策は急務であろう．さらに，高齢化社会で増加するがんの治療においては，必要十分な外科的切除が再発を防ぐために望まれるが，残存した臓器の機能を補助する手段が十分とはいえないのである．「再生医療」は，すぐに組織・臓器を丸ごと作製できなくても，その部分片でも人為的に準備できれば，補助的な効果が期待できるだろう．これからの研究の進歩には，発生分化のより深い理解が求められているところだ．

　この章では，社会で高く注目されている幹細胞と再生医療について述べてきた．幹細胞が様々な細胞に分化することは，＜エピジェネティック＞な生命現象の代表例である．この仕組みが明らかになれば，医療で望まれる細胞や臓器をつくることに大きく貢献できるであろう．また，エピゲノムの研究を通して，幹細胞や分化誘導した細胞が本当に目的の細胞であるかを保証する技術の開発が期待されている．

Column

変化するということ

　「物質というものは，一時的に異なる状態に変わることができる」．高校の化学の熟練した教師の言葉である．水は，常温の液体だけでなく，高温の気体や低温の固体になりうる．置かれた条件次第で，一時的にいろんな形状に変わるというのである．また，化学反応とは，物質がその原子間で組換えが起こって変化していくことである．

　私たちの身体を構成する細胞も，多くの刺激を受けながら応答している．その際に，固有のプログラムが一時的に変更されると，細胞の状態は＜エピジェネティック＞に変化する．人為的に誘導したiPS細胞や初期胚から樹立したES細胞も，特定の条件に適応するように変化した細胞群の例である．つまり「細胞というものは，一時的に異なる状態に変わることができる」ようだ．

　そう考えると，私たちの身体は（少なくとも外見上）同じように見えるが，新しい細胞が生まれたり，古い細胞が除かれたり，日々変化しているわけである．この変化という揺らぎ（fluctuation）が生命体の基本であり，いつも未知の可能性を秘めている．

5 がんというプログラムの異常

現代人のがんとライフスタイル

　がんは，身体の中のどことなく生じてくる．大人に多いようであっても，子どもでも起こる．悪性もあるが，良性もある．治る場合も，全く手遅れの場合もある．身近な病気であるが，何か得体の知れないものである．元はといえば，自分の身体の細胞から生まれてきた，言わば，＜エピジェネティック＞にリプログラムされた細胞なのである．

　一言で「がん（悪性新生物）」といっても，色々な面がある．その統計から紹介しよう．日本人の死因の1位（年間に約35万人）であり，今や，男性の2人にひとり，女性の3人にひとりという割合である．最もありふれた病気であるとともに，高齢化社会を反映するように，がんに罹る率は，全体的に増加する傾向にある．予防できれば，これに越したこと

はないが，今のところ難しい．実際は早期発見が重要なのである．早期に見つかれば，今の医療で何とかできることが多いのである．そのためには，定期的にがん検診や健康診断を受けよう．

近年，日本人のがんは，欧米の発症パターンに近づいてきた．いかに，ライフスタイルとがんが関係しているかを示すものだ．具体的には，従来に多かった胃がん，子宮がんが減少してきた．これらのがんでは，後で述べるように主な原因がわかって，予防や治療の技術が進んだからだ．一方，肺がん，大腸がん，乳がん，前立腺がんは，増加してきたのである（**図5-1**）．国全体のがんの発症パターンが変わってきていることをどう考えるか．私たちが属する社会の変化が，個々人の健康や病気の罹り方に反映されているのだ．このように，がんの中身が変化してきたことには，科学的な理由があるは

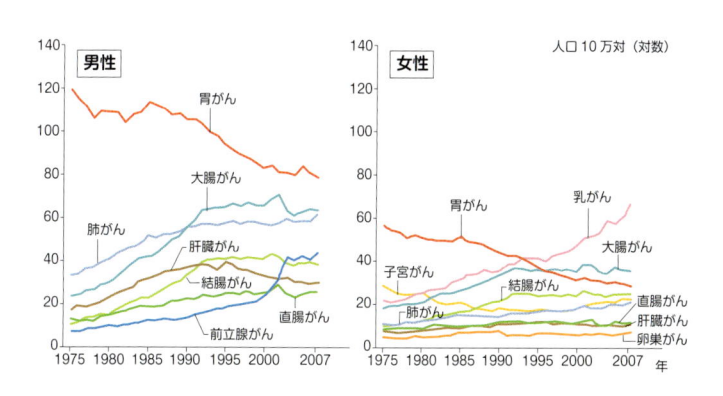

図5-1 ●日本人のがん
「がんの統計'12」（がん研究振興財団）より引用

ずである．この理由がわかれば，がんという病気の理解が進んで，もっと改善が見込まれるであろう．

　がんの研究においても，"遺伝因子と環境因子の相互作用"という「エピジェネティクス」の考え方が定着してきた．遺伝因子とは，生まれつきのゲノムや遺伝子の配列のことである．修飾されたゲノム（エピゲノム）も入れてよいであろう．また，環境因子には，一卵性双生児のところで述べたように，様々な生活習慣や生育環境が含まれている．がんという病気は，ある程度，長い時間をかけて，環境因子がゲノムや遺伝子に作用する結果だと考えられるのである．

　私たちの身の回りにある環境因子について，がんの発症に及ぼす影響の割合が試算されている．それによると，タバコ【〜30％】と食事【〜30％】がほぼ同じくらいで，ついで，ウイルスなどの感染症【10％】である．その他（X線，紫外線，薬剤，化学物質，アルコールなど）【25％】というところだ．タバコは，単品で最も高い危険因子であることがわかる．嗜好品としての効能はあるとしても，タバコのために，命を縮めることがある．しかも，タバコの煙はその周りにいる人も巻き込むのである．

職業がんから化学発がんへ

　がんは一体，どのようにできるのか．いわゆる"がんの発生（発がん）"は，医学の重要なテーマである．ここでは，発

がんがどのように理解されてきたか，その時代背景とともに考えてみよう．これから述べるように，職業（化学物質），ウイルス，遺伝子，そしてエピゲノムという，4つの考え方がある（図5-2）．

最初に「職業がん」が病気として認識されたのは，18世紀後半の産業革命の時代であった．もちろん，がんは大昔からあったはずであるが，1775年，英国の外科医のパーシバル・ポットが，煙突掃除夫に陰嚢がんが多いことについて最初に記載したのだ．石炭を燃やす工場の煙突を掃除すると，そこに貯まった多量の"すす"が身体中についたことであろう．この"すす"の中に，発がん物質が含まれているのではないか．そして，陰嚢の皮膚に長い間に作用することが原因で，がんができるのではないか，と考えた．そのうえ，10年以上，多量の"すす"に暴露されると，暴露が中止されても，

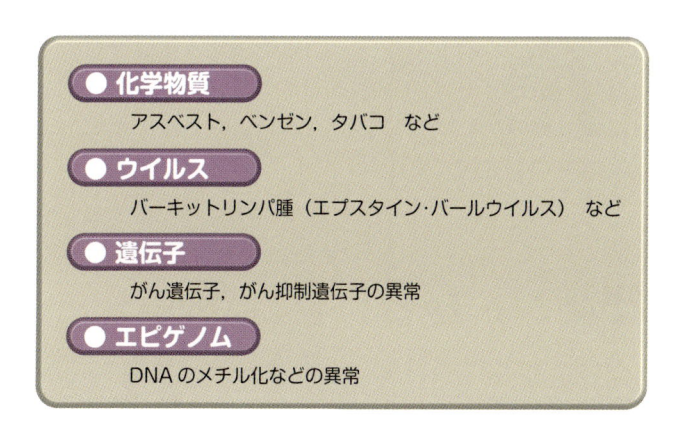

- **化学物質**
  アスベスト，ベンゼン，タバコ　など
- **ウイルス**
  バーキットリンパ腫（エプスタイン・バールウイルス）　など
- **遺伝子**
  がん遺伝子，がん抑制遺伝子の異常
- **エピゲノム**
  DNAのメチル化などの異常

図5－2●がんについての考え方

その後にがんが起こることを指摘したのである．この指摘は"発がん"を考えるうえで重要な考え方になった．なぜならば，がんは発がん物質に曝されている間に，何らかの変化が蓄積した結果生じると推測できるからである（図5-3）．

　当初は，ある産業や労働環境下でがんが多発したことから，特殊な職業病ではないかと考えられた．しかし，ポットの報告に続いて，産業とがんとの関連性が次々と明らかにされていった．断熱材・繊維や絶縁体のアスベスト（石綿）を扱う産業では，肺がん，胸膜中皮腫が多発した．また，溶剤や燃

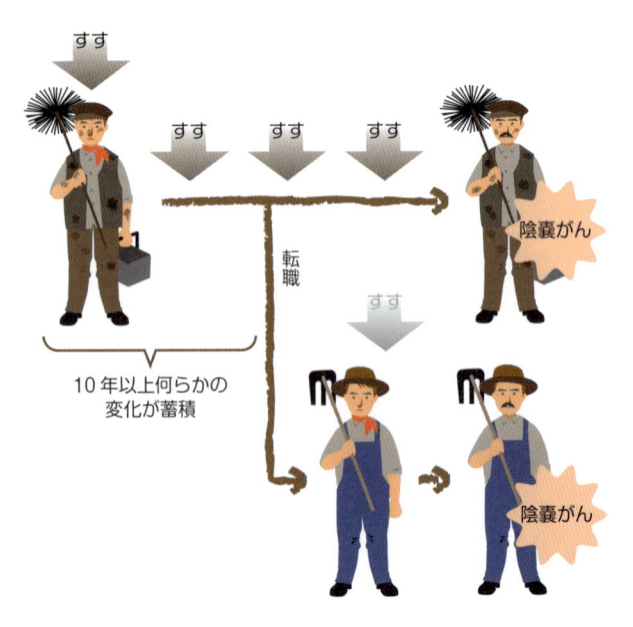

図5−3 ●煙突掃除夫でわかった発がんにおける変異の蓄積

料に使われるベンゼンを使う産業では白血病が起こった．染料・顔料（ベンジジン）の工場では膀胱がん，また，燃料（コールタール）の工場では皮膚がん，肺がんとの関連が指摘された．こうして，特殊な職業病というよりも，がんは発がん物質（化学物質）によって起こると理解されるようになった．つまり「化学発がん」という考え方である．

特記すべきことは，ベルリン大学のルドルフ・ウイルヒョウの研究室で細胞病理学を学んだ，東京帝国大学教授の山極勝三郎が，実験的発がんについて初めて証明を行ったことである．共同研究者の市川厚一とともに，ウサギの耳にコールタールを長期間に塗擦し続けて，皮膚がんをつくることに成功した．動物実験を通して，コールタールが発がん作用をもつことを実証したのだ．1915年のことである．発がん物質の存在を明らかにして，人工がん研究のパイオニアとして世界で高く評価された．当時のノーベル生理学・医学賞に最も近い日本人であったが，残念ながら，その受賞には至らなかった．

ウイルス性発がん

次に，がんは「ウイルス」による病気であるとの考えが有力になった．1960年代に，"腫瘍ウイルス（がんウイルス）"が次々に発見された頃である．その最初の例は，Bリンパ球の腫瘍化であるバーキットリンパ腫であった．当時のデニス・バーキット医師は，アフリカでの日々の診療の中で，顎が腫

れた子どもが多くいることに気づいた．少ない研究費で大変な苦労をしながら，その調査をまとめて，1958年に報告を行った．この腫瘍は，後にバーキットリンパ腫とよばれるようになった．このリンパ腫細胞の増殖能は高く，発見された時には，巨大な腫瘤になっていることも多い．治療に反応して腫瘍が消えても，首に大きなリンパ腫を再発することがあるので，気道を塞ぎやすく，危険性も高い．

このバーキットの報告に感銘を受けて，マイケル・エプスタインとアイヴォン・バールの両氏が研究を進め，1964年，バーキットリンパ腫の細胞からヘルペス科のウイルスを同定した．このウイルスは「エプスタイン・バール（EB）ウイルス」と名づけられ，その後，鼻咽頭がんや胃がんの発生にもかかわることがわかったのである．

EBウイルスは，乳幼児期に感染を受ける場合が多く，日本の成人の80％以上が抗体をもっている．無闇に恐れることはないが，その一部には，EBウイルスの潜伏感染や慢性感染として，長期にわたってヒトの体内で活動したり，増殖する場合が知られている．今では，血液の検査によって，ほとんどの場合の診断は可能である．

こうして「ウイルス性発がん」という考え方が確立されていった．現在までに，B型肝炎ウイルスとC型肝炎ウイルスによる肝がん，ヒトパピローマウイルス（16型，18型など）による子宮頸部がん，ヒトT細胞白血病ウイルスによる成人T細胞白血病などが知られるようになった．

なお近年「ヘリコバクター・ピロリ」という細菌が，胃炎

や胃潰瘍の原因になることが明らかになった（図5-4）．この菌による慢性炎症があると，胃がんの発生につながると推測されている．他の細菌ではまだ知られていないが「細菌性発がん」の例とも考えられる．オーストラリアのバリー・マーシャルとロビン・ウォーレンの両氏が，「ヘリコバクター・ピロリ菌の発見，胃炎と胃・十二指腸潰瘍における役割の解明」によって，2005年のノーベル生理学・医学賞を受賞している．ピロリ菌は，日本の50歳以上の人ならば，約80％が胃の中にもっている細菌である．このピロリ菌感染と食塩の摂取過剰などが重なると，胃がんを発症しやすくなるらしい．細菌と病気の関係については，いま様々に検討が進められている．

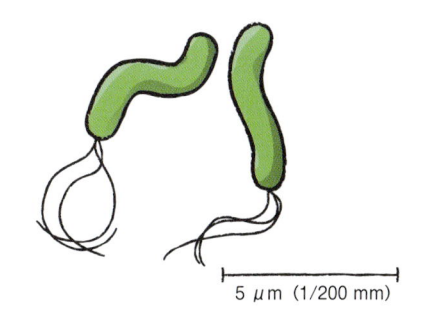

5 μm (1/200 mm)

図5-4 ●ヘリコバクター・ピロリ

　ここまで述べてきた「化学発がん」，「ウイルス性発がん」では，その原因が特定されると，診断や予防法の開発が格段に進むのである．化学物質の場合には，作業における安全な取扱いや適切な防御で予防することができる．また，ウイルスの場合は，抗体やワクチンを用いた診断および治療・予防が行われている．

遺伝子とエピゲノムの異常

 さらには,がんは「遺伝子」の病気であると考えられるようになった.1980〜90年代には,大腸菌からヒトに至るまで,ゲノムと遺伝子の分子生物学が急速に進んだからである.むしろ,がん研究が分子生物学を牽引したといってもよいであろう.先に述べた"腫瘍ウイルス"のDNA配列によく似た遺伝子が,ヒトのゲノムにあることがわかった.これを契機にして,いくつものがんを引き起こす遺伝子,すなわち「がん遺伝子」が発見された.また一方では,遺伝性のがんを発症した患者とその家系のDNA解析によって,数多くの「がん抑制遺伝子」が同定された.ヒトのがんにおいて,これらの遺伝子の異常が次々に証明されて,がんは「遺伝子」の病気であるという考え方が確立されていった.

 細胞増殖(がん化)を促進するタンパク質をつくる遺伝子を「がん遺伝子」とよび,自動車に例えれば,"アクセル"にあたる.他方,細胞増殖を抑制するタンパク質をつくる遺伝子は「がん抑制遺伝子」とよばれ,"ブレーキ"の役割を果たす.基本的に発がんの過程では,「がん遺伝子」が活性化し,「がん抑制遺伝子」が不活性化している.細胞増殖の"アクセル"全開で,"ブレーキ"が効かないのだ(図5-5).このようにして,がん細胞の性質は,他を顧みず,自己中心的になるのである.正常な細胞は,何度か分裂すると,老化して分裂停止になったり,細胞死を起こすのが普通である.し

かし，がん細胞では，老化や細胞死を起こすがん抑制遺伝子が働かないので，不老不死を獲得しているといえる．増殖し続けても，老化も細胞死も起こさないのが，がん細胞が勝手に増え続ける理由なのである．

近年になって，がんは「エピゲノム」の病気であるとの考え方が新たに加わった．特に，1990年代以降に，がんの"エピジェネティクス"の研究が大きく進展したことによる．発がんの過程では，「がん遺伝子」の活性化と「がん抑制遺伝子」の不活性化が共通して起こっている．これらの遺伝子の塩基配列が直接に変化する場合がある．いわゆる，遺伝子の

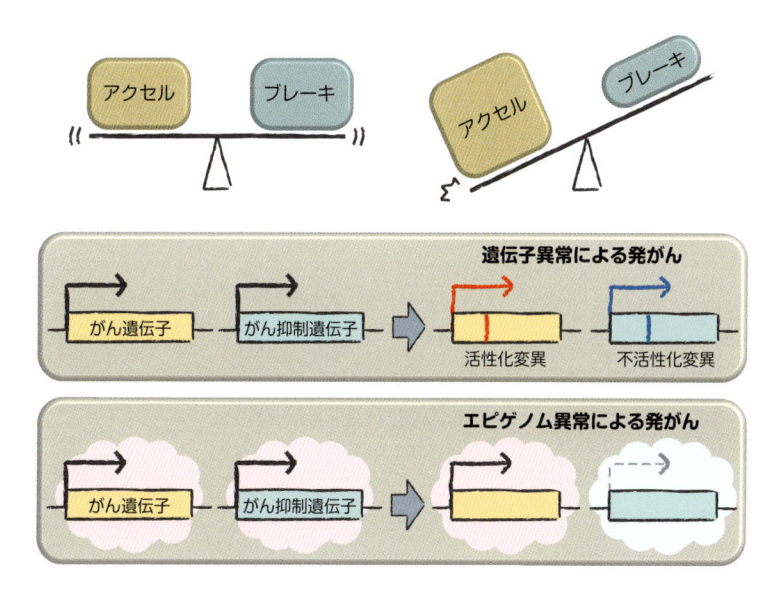

図5－5 ●発がんのアクセルとブレーキ

傷（変異）である．ところが，塩基配列に変化はなくても，その遺伝子の印づけ（エピゲノム）が変化している場合があるのだ（図5-5）．

後で述べるように，「がん抑制遺伝子」のプロモーター領域がメチル化を受けて，その転写が抑制されるという多くの例が見出されてきた．すなわち，"DNAのメチル化の異常"である．今や，ほとんどのがん細胞には，このような＜エピジェネティック＞な異常があると考えられている．さらには，環境因子はゲノムや遺伝子，そしてエピゲノムに直接に作用することが明らかになってきているのである．

このように，学問の進歩，時代の移り変わりによって，"発がん"の考え方も変化してきた．「化学発がん」，「ウイルス性発がん」，「遺伝子の異常」，「エピゲノムの異常」である．現在の知見に照らし合わせると，これらは"全て正しく，互いに関連する"と理解できるのだ．

がんは多段階に発生する

今までに数多くの患者検体を用いた研究によって，がん化の実体が明らかになってきた．しかし，がんを理解するためには，最終像だけでなく，途中のプロセスを知ることが重要だ．環境因子が相互作用して，遺伝子やゲノムが不安定になる．実際に，どのような過程を経てがんが生じるのだろうか．

1990年代に，ジョンズ・ホプキンス大学のバート・フォー

ゲルスタイン教授らは,ヒト大腸がんに関する膨大なデータを集約して,遺伝子の変化とがんの悪性化を結びつけた「多段階発がん説」を提唱した.がん細胞は,遺伝子の変異が一度に起こるわけではなく,長い間に徐々に蓄積されて生じるという説である.その後の研究成果も加わって,現在の多段階発生モデルが仕上がってきた.

大腸がんを例にして見てみよう(**図5-6**).正常な腸の細胞にAPC(がん抑制遺伝子の1つ)の欠失や変異が起こると,細胞が増殖しやすくなった「過形成」という状態になる.APCは大腸がんを防ぐ最初の砦になるので,"門番遺伝子"とよばれている.腸の細胞ががん化に進まないように見張っているような存在である.ついで,ゲノムDNAのメチル化の低下(エピゲノムの異常),RAS(がん遺伝子)の活性化の変異が起こると,良性[※1]の腺腫「アデノーマ」を形成するようにな

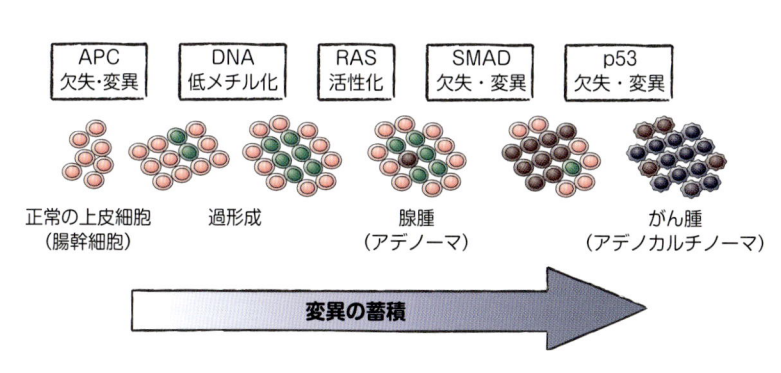

図5-6 ●大腸がんの多段階発生モデル

※1 "良性"とは,細胞が過剰に増殖する能力を獲得した状態,"悪性"とは,浸潤・転移する能力を獲得した状態と考えてよい.

る．DNAのメチル化の異常は，発がんの早い時期に起こるようである．さらに，SMAD（がん抑制遺伝子）の欠失や変異，そして，p53（がん抑制遺伝子；後で詳しく述べる）の欠失や変異が起こって，悪性[※1]のがん腫「アデノカルチノーマ」が発生するというモデルである．

　この一連の過程の中で，細胞が増殖し続けるためには，染色体の両末端にあるテロメアという構造を短くならないように維持する必要がある．そこでがん細胞は，テロメアを伸ばすテロメラーゼという酵素を発現するようになる．このように，ゲノムやエピゲノムの変化を蓄積しながら，細胞の増殖能，浸潤・転移能，不死化，そして治療への抵抗性（抗がん剤や放射線などに対する耐性）を獲得していくのである．

　他の組織に発生するがんにおいても，がん遺伝子とがん抑制遺伝子の変異，DNAのメチル化の異常という，よく似た組合せの変化が蓄積している．違いがあるとすれば，組織やがんの種類によって，それぞれ異なる"門番遺伝子"があることだ．一般に，ゲノムや遺伝子の変化は蓄積しやすいので，年齢とともに発症のリスクは高くなっていく．大人のがんにおいては，このような多段階発生モデルがよく合致するのである．

子どもは大人のミニチュアではない

 では，子どものがんはどうだろうか．大人と子どものがんについて比較してみよう．その違いがわかれば，若い人のがんについて，心の持ち様もつかめるであろう．

 大人のがんは，年齢とともに罹りやすくなる．つまり，10年，20年，30年という長い年月をかけて，遺伝子の変化が蓄積していくのである．発がん物質に触れたとしても，放射線を受けたとしても，すぐにがんが起こることはない．基本は，多段階発がんなのである．そう考えると，日常生活において，がんを起こり難くする予防策が重要であることがわかる．さらには，身体のどこかにがん細胞が生じても，免疫で攻撃して死滅させる．あるいは，その増殖や進行を遅くすることができればよいのだ．がんが生じることは避けられない．だとしたらがん細胞も身体の一部として，うまく付き合うことが大切であろう．

 がんの分子生物学において，「p53」という他に比類のないスター・プレイヤーがいる．大人のがんならば，その半数以上において，がん抑制遺伝子であるp53の変異が認められる．約2万5,000個のヒト遺伝子の中でも，p53は細胞のがん化を防ぐ最も重要な遺伝子である．その発見以来，"ゲノムの守護神"とよばれるゆえんである（**図5-7**）．もしもp53に変異が起こってしまうと，その細胞が悪性のがんに進む可能性

がぐっと高まるのだ．このため，病院で明らかながんがわかる時期には，p53などの遺伝子の変異が蓄積していることが多い．その結果，大人のがんでは，抗がん剤，放射線などの治療が効きにくいのである．効いたように見えても，再発しやすい．完治が確実に期待できるのは，浸潤・転移がない状態で早期に見つかり，外科的に切除できる場合である．

　子どものがん（小児がん）は，大人のがんと大きく異なっている．日本では，15歳未満の小児人口において，約1万人にひとり（1年間に2,000人程度）が新たにがんと診断されているという．大人と比べれば，発生頻度はかなり低いが，決して稀ではない．小児がんの内訳は，白血病【30〜40％】，脳腫瘍【20％】，胎児性腫瘍（神経や副腎，網膜，腎臓，肝

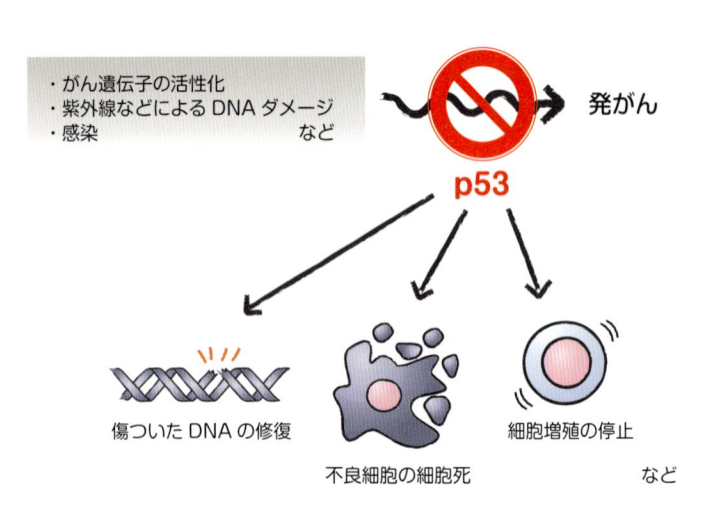

図５−７●ゲノムの守護神p53

臓に起こる）【20％】，肉腫（骨，横紋筋）【10％】である．このように，本章冒頭で述べた大人のがんとは，その種類も頻度も大きく違っているのだ．

　名著のネルソン小児科学のテキストブックに，"子どもは大人のミニチュアではない"という言葉があった．胎児・新生児期から小児期まで，発達・発育の途上にある．このため，遺伝因子の影響が出やすいうえに，環境因子の影響も受けやすいのである．がんになりやすい遺伝因子として，例えば，がん抑制遺伝子に変化がある場合，若くしてがんを発症しやすい．また，ウイルスや化学物質などの環境因子に初めて暴露されると，過剰に応答する場合もあろう．子どもの身体の免疫系は，ウイルスなどで絶えず活性化されているからだ．発症年齢からいっても，小児がんは，大人のように長い時間と変異を積み重ねた多段階発がんではないのである．

　大学病院などの小児病棟では，小児白血病を患う子どもが大半を占めている．小児白血病にも，色々なタイプがあるが，その多くはリンパ球などの分化が異常になったものである．すなわち，白血球系の細胞の分化が途中で停止して，その前段階の未分化な細胞が異常に増加する．その多くでは，白血球系の分化に働く遺伝子に変異が起こり，それ以降の分化ができない状態なのだ（**図5-8**）．先程のp53の遺伝子についてはどうなのか．小児白血病を初めて発症した時には，p53遺伝子はむしろ正常な場合が多い．しかし，治療後に再発すると，その変異率は高くなるという．再発すると，それだけ，がん細胞の変異や悪性度が増すということである．

1つ救いに感じるのは，小児がんでは，遺伝子の変異が少ないため，抗がん剤，放射線などの治療効果がかなり期待できることである．最近の30年間で，小児がんの診断と治療法が進歩して，治療開始5年後の生存率が約30％だったのが70％を超えるくらいに向上したのだ．白血病ならば，がん細

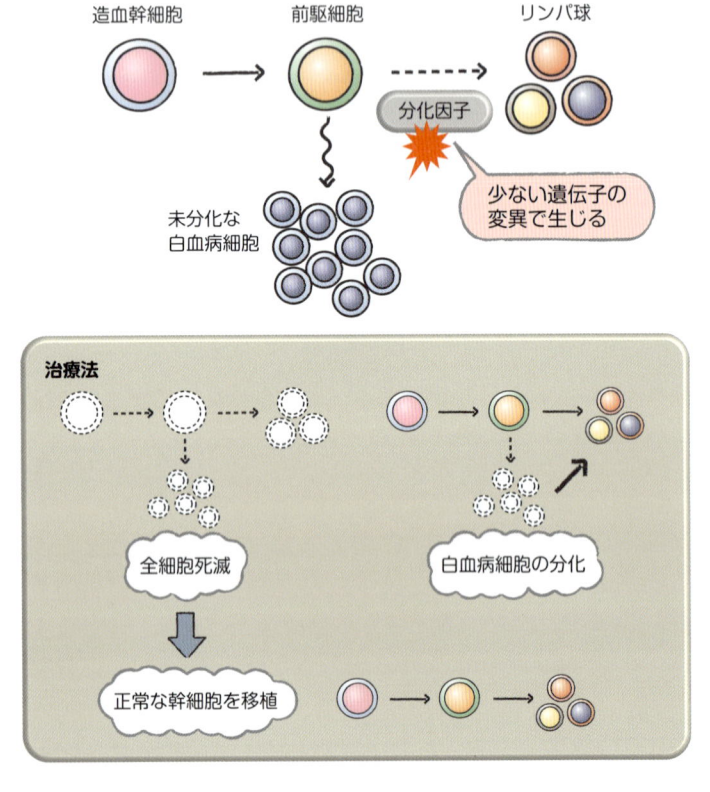

図5-8●小児白血病

胞を死滅または分化させて，新たに造血幹細胞を移植する，などの治療法がある（図5-8）．小児がんは，命にかかわる病気に違いないが，治療によって克服できる可能性が高くなった．このため，正確な診断と適切な治療，そして，心身の成長や学習の機会などを社会でサポートすることが大切なのである．

がん幹細胞の発見

　がん細胞の起源は何か．この古くて新しい問いは，がんを考える原点である．驚くかもしれないが，この原点が必ずしも明確ではないのである．今まで，手術で患者のがん組織を取り出して，がん細胞を培養して調べようとしても，なかなか増えないという経験を数多くの研究者がもっていた．体内ではわが物顔で増殖する悪性のがんなのに，シャーレの上で増えるのは，ほんのわずかな細胞だけなのだ．がん組織の中で，稀な細胞だけが，コロニー（細胞の塊）を形成して増えることができる．

　がんの治療に目を向けると，患者は，様々な苦痛や副作用にもかかわらず，抗がん剤，放射線などの治療を選択することも多い．もちろん，がん細胞やその腫瘍が消失して，それで完治できる場合はある．しかし，一度は完治したと見えたがんが，その後に再発する場合もある．施した治療に抵抗性をもつ，少数のがん細胞が残っているのではないか．臨床の

現場の医師は，少なからずそんな感触をもっていた．

　そういう中，①がんは不均一な細胞からなる集団であり，その中にわずかな"種"のような細胞が存在している，②この細胞は，自己を増やす能力（自己複製能），色々な段階のがん細胞に分化できる能力（多分化能）をもって，がん組織を形成することができる，という「がん幹細胞」仮説が提唱されたのだ．つまり，"幹細胞"の性質をもった細胞を起源として，がん細胞やがん組織がつくられるという考え方である（図5-9）．20年くらい前から予想されていたが，1997年，急性骨髄性白血病でがん幹細胞の存在が初めて実験的に証明された．その後，乳がん，脳腫瘍，消化器がんなどでも同様の報告がなされてきた．とりわけ，がん組織を形成する能力，浸潤・転移する能力は，ほとんどのがん細胞にはなく，がん幹細胞だけが有する特性であることがわかってきたのだ．

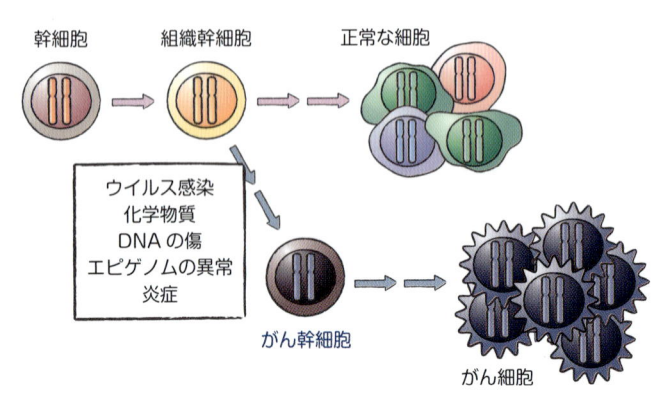

図5-9●がん幹細胞の発生

発生や再生のメカニズムについて，今一度，思い出してみよう．体内の全ての組織や臓器は，それぞれの"種"のような細胞があって，これが増殖・分化してつくられる．この"種"に当たる幹細胞は，自己複製能と多分化能という特有の性質をもっている．この性質によって，成長期に組織を大きくしたり，組織が傷つけば修復することができるのだ．がんにおいても，幹細胞の性質をもった少数の「がん幹細胞」を"種"として，がんが発生するというのである．ES細胞や組織の幹細胞が，正常のプログラムに従って，まじめに組織や臓器をつくる．これと同じように，がん幹細胞もまた，誤ったプログラムに従って，まじめにがん組織をつくるのである．

　発生や再生では「組織の幹細胞→分化細胞→組織・臓器」という流れである．同じように，発がんにおいては「がん幹細胞→がん細胞→がん組織」なのである．こう考えると，がんというものは，"同じゲノムをもつ細胞が異なる性質をもつように変化する"という，＜エピジェネティック＞なプログラムの異常によるのである．

再発しないがん治療とは

　次に，幹細胞が分化する方向性について考えてみよう．ES細胞などの胚性（または胎児性）幹細胞は，身体のほとんどの組織をつくる能力をもっている．多くの組織をつくるということは，分化の方向性が決まっていないのである．他方，

組織幹細胞とがん幹細胞は，分化の方向性，すなわち，"組織の特異性"をもっているのだ．造血幹細胞，神経幹細胞，皮膚幹細胞は，それぞれに，血液細胞，神経細胞，皮膚の細胞に運命づけられている．

　医学部の学生に講義した際に，次のような質問を受けたことがある．例えば，大腸がんがあったとする．大腸がんが肝臓に転移した場合，なぜ，肝臓がんにならないのか．実際，肝臓に転移すると，転移先で大腸がんによく似た組織をつくるのである（**図5-10**）．そのため，肝臓に生じたがんと肝臓に転移してきたがんを容易に区別することができる．発生母体となった組織の性質は，がん細胞でも引き継がれるからで

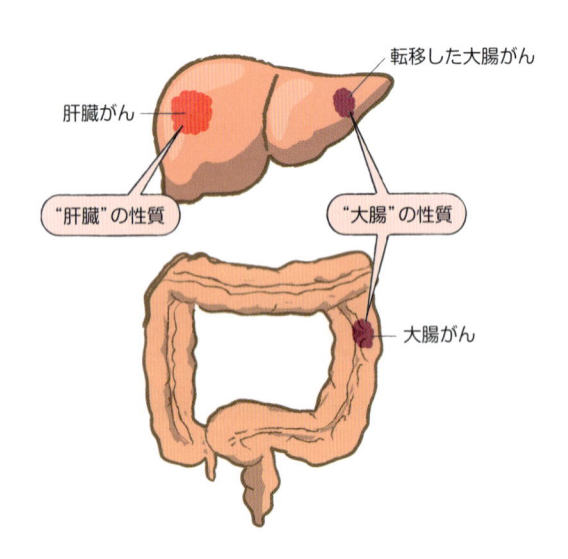

図5－10 ●がんは組織特異性をもっている

ある．そうならば，がんとは，組織の特異性が決まった後の細胞に起源があるだろうと考えることができる．このため，がん幹細胞は，組織幹細胞に何らかの変化が起こったものではないか，というのが有力なのである．

　組織幹細胞とがん幹細胞には，重要な類似点があることがわかってきた．それは，これらの幹細胞が，ほとんど増えないように，ゆっくり分裂する性質である．他方，幹細胞から分化に進んだ細胞は，きわめて早く増殖するようになる．これは，幹細胞が自身を残しながら，その一方で，分化細胞をつくるという不均等な分裂を行うためであろうと考えられる．もう1つは，これらの幹細胞には「ABCトランスポーター」という，薬物などを細胞外に排出する輸送タンパク質が高く発現していることだ．これは，外部からの影響を少なくして，幹細胞がその自律性を保持するためと推測されている．

　その結果，どういうことが起こるか．従来のがん治療を思い浮かべてみよう．ほとんどの抗がん剤や放射線治療は，基本的に分裂能の高いがん細胞を標的にしている．その多くは，DNAの損傷を与えることで，分裂中の細胞を死滅させるものである．あるいは，細胞増殖を促進する酵素を標的にして，がん細胞の増殖を阻害するものである．そのため，従来のがん治療では，がん細胞は標的にできても，がん幹細胞は標的になりにくいのである．しかも，ABCトランスポーターを高発現するがん幹細胞は，抗がん剤を速やかに細胞外に排出していく．つまり，がん幹細胞は，強い治療耐性をもつと考えられるのだ．

今までの抗がん剤によって，大部分のがん細胞やその腫瘍が消失したように見えても，肝心のがん幹細胞は残存する可能性が大きいのではないか．だから，時間が経って，再発や転移が起こるのではないか．このように「がん幹細胞」仮説は，がん治療そのものの考え方に，大きな衝撃を与えたのである．本来のがん治療とは，がん幹細胞を標的にしなくてはならないということだ（**図5-11**）．がん幹細胞を狙い撃ちできる治療法を開発するためには，正常な組織幹細胞とがん幹細胞における共通点と相違点を明らかにする必要がある．がん幹細胞にあり，組織幹細胞にはない分子が同定できれば，それを治療標的にすることができるからだ．

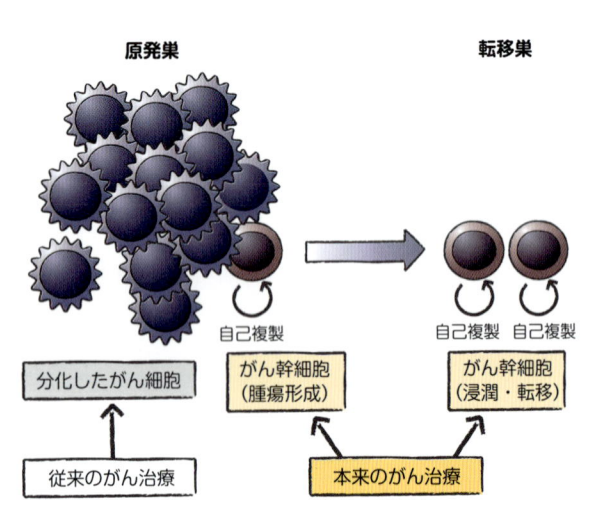

図5-11 ●がん幹細胞をやっつける

浸潤・転移のからくり
—発生のプログラムの横取り

　患者側も医療側も，がんに面した時の最大の関心事は，悪性度や進行の程度，浸潤・転移の有無についてであろう．細胞が増殖して単に腫瘤が大きくなるのは，良性の腫瘍である．脳や身体の中深くでなければ，手術で摘出することができる．最も恐れるのは，原発巣から周りの組織に連続的に浸潤したり，また，血管・リンパ管を介して遠くの組織や器官に転移して，手がつけられなくなることだ．がん細胞がどこまで広がっているかがわからないと，切除手術の効果はきわめて不確定になるのである．無闇に強烈な抗がん剤や放射線の治療をすれば，患者自体の体力や生命力さえも損なってしまう．

　ここまで，がんとは，腫瘍全体を指すように説明してきた．しかし，専門的に区別する場合には，"上皮系[※2]"の細胞に由来する場合を「がん」，"間葉系[※2]"の細胞に由来する場合を「肉腫」とよぶ．肺がん，胃がん，大腸がんなどは上皮系であり，骨肉腫，筋肉腫，線維肉腫などは間葉系の悪性腫瘍である．この上皮と間葉という性質が，がん細胞の浸潤・転移のメカニズムで重要であることがわかってきた．がん細胞は，＜エピジェネティック＞に上皮に近い状態になったり，逆に間葉に近い状態になったり，細胞の形質を変える能力を

[※2] 内胚葉と外胚葉に由来して，身体の外側や管腔側にあるのが上皮系，中胚葉に由来する中間部分にあるのが間葉系である（1章の図1-10，4章の間葉系幹細胞も参照）．

もっているのである.

　もう一度,大腸がんが肝臓に転移する場合を例にしてみよう(**図5-12**).大腸がんでは,腸の腺上皮の性質をもった腫瘍組織を形成する.もともと,腸の腺上皮は,栄養物の消化・吸収を行う,管状の構造を形成している.大腸がんの組織にも,このような管状の構造をしばしば見ることがある.ところが,浸潤・転移する場合には,あたかも間葉系の細胞(例えば,線維芽細胞)のように細長く変化して,回りの組織に入り込んでいく.そして,血管・リンパ管の中を流れていく.このように,上皮から間葉の性質に変化することを「上皮間葉転換」とよんでいる.その後,浸潤・転移先で,上皮系の腫瘍を形成する時には,再び形質を変化させるのである.これを「間葉上皮転換」とよぶ.転移した肝臓の中に,大腸がんの管状の構造をつくったりする.このように,がん幹細胞は,その形質を転換することで,浸潤・転移してがん組織を形成するのだ.つまり,がん幹細胞は＜エピジェネティック＞

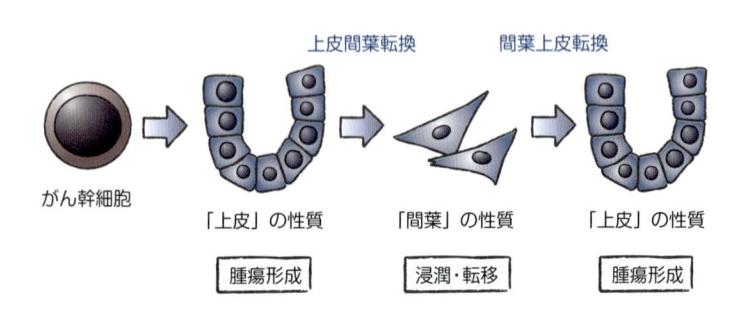

図5-12● がん幹細胞の＜エピジェネティック＞な転換能と浸潤・転移

に変化できるということだ.

　上皮間葉転換などは,何もがんのためにある仕組みではない.発生の過程で,上皮から間葉をつくり,間葉から上皮をつくることで,手足が伸びたり,身体ができたりするのである.「発生のプログラム」による,細胞の運命づけの1つである.がん幹細胞は,このような発生のプログラムを横取りして,＜エピジェネティック＞な転換能をもつのである.

がん細胞のプログラムの異常

　では,がん細胞は,異常なプログラムをもっているのか.正常な細胞とがん細胞では,エピゲノムの何が違うのか.がん細胞がもっている異常な印づけとは,何であろうか.研究が進む中で,がん細胞は,DNAのメチル化に大きな変化をもつことがわかってきた.

　2章で述べたように,DNAのメチル化とは,基本的に,ゲノムの正常な修飾の仕組みである.発生分化に不可欠なものであり,皮膚や血液や肝臓の細胞など,各々の組織に特有の遺伝子の発現にかかわっている.ゲノムインプリンティング,X染色体の不活性化にも重要な印づけとして使われていた.さらには,細胞外から侵入するウイルスのような外来DNAに対して,これをメチル化することで,その活動を抑え込んでしまう,細胞の防御機構でもあるのだ.すなわち,私たちの生存に欠かせないゲノムの印づけなのである.

少し脇道にそれるが，1990年頃，ヒトの病気に"遺伝子治療"が初めて実施された．ある遺伝子を欠損した血液・免疫不全の患者に対して，ベクター（運び屋）DNAにその遺伝子を乗せて体内に戻すというストラテジーが期待を込めて行われた．一時的な治療効果は得られたのであるが，遺伝子を乗せたベクター自体がDNAのメチル化によって不活性化されていった．治療用のDNAも，細胞内では外来DNAとみなされて，メチル化酵素が働きかけるからである．他の理由も含めて，遺伝子治療は，大きな壁にぶつかった．裏を返せば，DNAのメチル化の仕組みは，かなり厳格に働くのである．ところが，ほぼ同じ時期に，がん細胞におけるDNAのメチル化の異常が次々にわかってきたのだ．

　結論からいうと，ヒトのがんのほとんどが，DNAのメチル化の異常をもっている．その異常のメカニズムについては，今も不明であるが，がん細胞では，DNAのメチル化の仕組み自体が不安定になっている．次のような3つの点がわかってきた（図5-13）．

　第一に，がん細胞では，いくつかのがん抑制遺伝子のプロモーターが選択的にメチル化されて，その働きが不活性化されている．正常ながん抑制遺伝子があっても，DNAのメチル化のために発現できない．その結果，細胞はがん化の方に進みやすくなる．

　第二に，がん細胞のゲノム全体を見ると，DNAのメチル化が著しく減少している．ゲノム全体が低メチル化になれば，全ての染色体が不安定になる．その結果，染色体の数の異常，

染色体の欠失などの頻度が高まってしまう．また，DNAのメチル化によって抑え込まれていた多くの不要な配列が，無秩序に発現するようになるのだ．このように，がん抑制遺伝子の高メチル化，ゲノム全体の低メチル化は，一見，逆の現象のように見える．この相反するものが共存するのが，がんなのである．これらの謎は，まだ解明されていない．

第三に，がん細胞では，遺伝子の突然変異が起こりやすくなっている．特に，メチル化されたシトシンは，遺伝子の突然変異につながりやすいのである．なぜならば，シトシン-

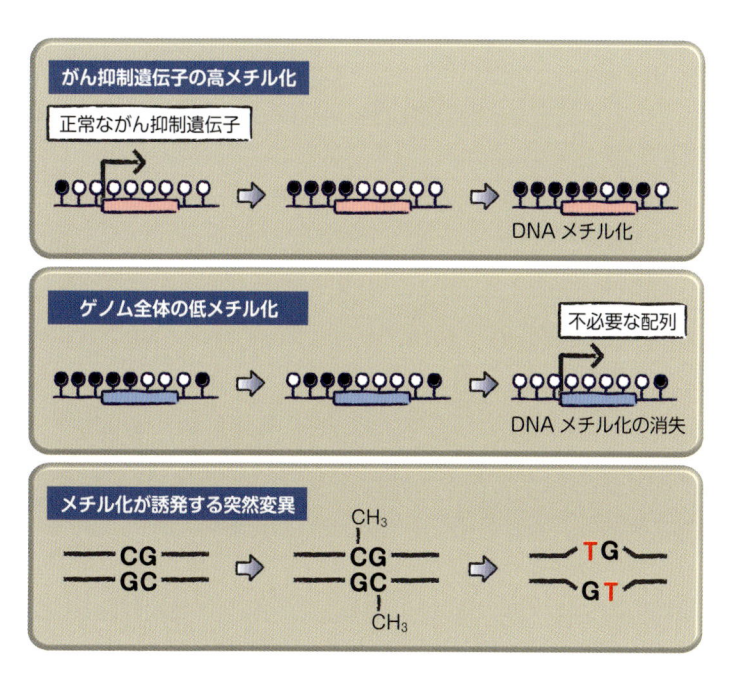

図5-13●がん細胞の〈エピジェネティック〉な変化

グアニン（CG）配列の中のメチル化シトシンは，チミン（T）に自然に変換されやすい性質をもつためである．その結果，CG配列がTG配列になってしまう．がん細胞でみられる遺伝子の変異のうち，約30％はこのC→Tの変化である．DNAのメチル化に変化が起こると，遺伝子の変異率に大きく影響するのである．

このように，DNAのメチル化の異常は，ほとんどのがん細胞に共通した特徴である．つまり，エピゲノムの変化は，がんの本質にかかわっていると考えられるのだ．

がん細胞の顔を見る

最後に，この章の主役であるがんの素顔を覗いてみよう．がん細胞を正常細胞から識別する方法としては，細胞の形態を人の目で判断するという，病理診断が今なお重要な手段である．私たちが瞬時に人の顔を見分けるように，経験やトレーニングによって，細胞の顔を区別することができるのだ．子宮がんの細胞診，胃がんや大腸がんの組織診などが，日常の診療の中で行われている．私たちの身体から採取された検体は，病理医や細胞検査士によって，正常な細胞，良性の細胞，悪性の細胞など，診断がなされるのである．もちろん，診断の難しいグレーゾーンの場合は，定期的に経過を見ながら，再検査が必要な場合もある．

細胞や組織を用いた診断では，細胞の核形態の異常（"核

異型"とよぶ）が，がん細胞に広く共通した特徴である．顕微鏡で見た，がん細胞の顔といってよい．がん細胞が発生した組織やその経過が違っていても，次のような核異型が共通にみられるのである（**図5-14**）．がん細胞の本質にかかわるということであろう．

がん細胞では，核のサイズが不揃いで，大小不同に見える．これは，核内に納まる染色体の異常による．正常の体細胞では，46本の染色体をもつが，がん細胞では分裂の異常のために，70〜90本近くの染色体をもってしまう．あるいは，逆に極端に染色体数が少ない場合もある．巨大な核や微小な核，1つの細胞に複数の核があったりするのだ．分裂の異常によって，このような細胞が頻繁に出てくる．

次に，核を取り囲んでいる核膜が，正常細胞ではきれいな円形に近いが，がん細胞では，波を打ったように不整に見え

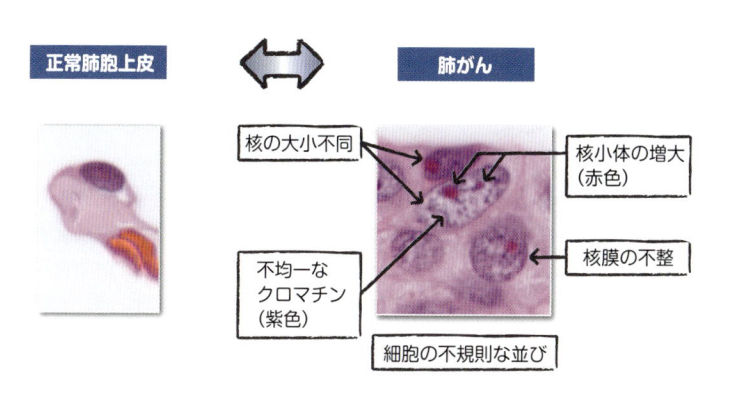

図5-14 ●がん細胞の核異型

る．分裂の異常のため，核膜がきちんと形成できないのだろうと思われる．

またがん細胞では，エピゲノムに相当するクロマチンの分布が不均一に見える．クロマチンを染色して観察すると，正常細胞と比べて，密な部分（紫色）と疎な部分（白色に抜ける）があり，不均一に偏っている．また，核内で最も大きな構造である核小体の数が増えたり，そのサイズが大きく見えたりする．分裂が盛んなために，細胞内のタンパク質の合成に働く核小体が過剰に働いているのであろう．

さらに，がん組織では，多くの細胞が不規則に並んでいる．そのため，核も不規則に積み重なって見える．対照的に，正常な組織では，細胞が規則正しく配置されて，むしろ，美しいくらいだ．組織の中で，上下，左右，前後のような位置情報が決まっているが，がん組織ではこのような情報は失われている．まるで，しかるべきプログラムが突然変更された時の，大混乱の様子が見てとれる．

この章では，細胞のがん化とは，身体の中の細胞が異なる性質の細胞に変わるという，＜エピジェネティック＞な現象であることを述べた．がん細胞のほとんどが，DNAのメチル化の異常をもつことが明らかになった．しかも，がん幹細胞や上皮間葉転換という特徴もわかってきた．これらの証拠は，がんが細胞のプログラムの異常であることを示しているのだ．

Column

嵐の中に咲く花もある

　がんで苦しむ方には無情に聞こえるかもしれないが，私が学生の時に受けた病理学の講義で覚えていることがある．だいたい，学生の記憶に残るのは，たわいもなく発せられた言葉である．病理学とは，文字通りに，医学の中で病の理を明らかにする学問であり，ときにはその病に対する哲学が求められる．30年くらい前に，教授が言ったことは，「がんほどよい病気はない」と．自分の時間がもてて，必ず死ぬことができるというのである．突然に命が奪われることは少ないので，やりたいことができる．準備もできる．愛する人にサヨナラと感謝の気持ちも言える．生命体とは，いずれ生涯を閉じるものだ．しかし，言い足すとしたら，この言葉は，子どもや若い人の場合を意味してはいなかった．「どうして治らないの？」と問われて，子どものがん死ほど辛いことはない．

⑥ 食事はメモリーされる

食事という環境因子

　美味しく食べることは，人生の喜びであり，楽しみでもある．その一方，生きとし生けるものは，エネルギー源を外から取らなくてはならないという面もある．まさに，自然界は，生きることは食べること．このため，私たちにとって，毎日の食事というものは，最も影響力のある環境因子になりうるのだ．そうならば「生命のプログラム」の中で，食事とエピゲノムは，どんな関係があるのだろうか．

　私たちは米や麦といった穀物，肉や魚，野菜などを食べることで，炭水化物（糖），脂肪，タンパク質，ミネラル，ビタミンの栄養分を取り入れている．これを単に栄養摂取ではなく，ヒトは，うまく料理して盛り合わせて，楽しみやグルメの域まで高めてきたのである．糖はブドウ糖に，脂肪は脂

肪酸に，そしてタンパク質はアミノ酸に変えられて，身体の各組織をつくり，活動のためのエネルギー源として利用されている．また，糖やタンパク質は筋肉や肝臓に，脂肪は脂肪組織に，ミネラルは骨に多く蓄積される．不要なものや古くなったものは，分解・排出されて，新鮮な材料と置き換えられる．このように栄養分を利用する仕組みを「代謝（メタボリズム）」とよんでいる．

栄養は，過不足なく，必要な量に見合った程度にとるのがよい．日頃からバランスのとれた食事をすることが，健康を維持して，病気を予防または治療することに役立つからである．このような意味から，中国の「薬食同源」をもとにして，「医食同源」という言葉が生まれた．医・薬と食は，その根っこは同じというのだ．1つの例として，過ぎたるは及ばざるがごとしの場合を考えてみよう（**図6-1**）．食事に由来したブドウ糖や脂肪酸が身体の中で過剰にあると，その大部分は中性脂肪に変えられて，皮下や内臓の脂肪組織に蓄積されるこ

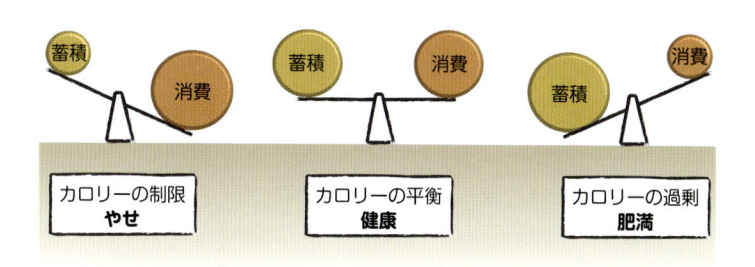

図6−1 ●やせと肥満

とになる．アミノ酸自体は蓄積することはないが，その一部はブドウ糖などに変換される．こうして，必要以上に栄養やカロリーを取り続けると，いわゆる「肥満」の状態になる．先進国において，「生活習慣病」として増えているところである．

肥満と健康

　肥満の判定には，身長と体重から計算される"BMI（肥満指数）"という数値が使われることが多い．計算式は，体重（kg）を身長（m）の2乗で割った値である[※1]．統計的に，BMI＝22が正常な標準値である．25以上を肥満とし，さらに肥満の程度が4つの段階に分けられている．もっと簡易な方法としては，内臓脂肪の量は"腹囲[※2]"と比例するため，これが肥満の判定に使われている．腹囲が男性85 cm以上，女性90 cm以上を内臓脂肪型肥満としている．このため，健康診断の際には，身長，体重，腹囲をセットで測るわけである．実際に，肥満した内臓脂肪からは，多くのタンパク質が血中に分泌されて，肥満を増強して，合併症を起こしやすくする．肥満になると，そういう負のスパイラルが回り始めるのである．

　しかも，肥満になると"インスリン（血糖を下げるホルモ

※1 例えば，65 kgで170 cmなら65/1.7・1.7 ≒ 22.5
※2 へその高さで測るウエスト周囲径．

ン)"が各組織で働き難くなって，血糖がいつも高い「糖尿病」の状態になりやすい．この状態が長く続くと，身体全体の血管が障害を受けて，脆くなってくるのである．とりわけ，腎臓や網膜の血管が傷つくと，合併症として腎不全や網膜症などの発症につながる．さらに，動脈硬化や心臓への負担が進むと，高血圧や心臓病も起こりやすくなる．さらに，血液中に流れる脂質が増える高脂血症となり，その余分な脂質は肝臓に蓄積して，脂肪肝などを起こす．恐いことに，肥満をきっかけにして，自覚症状がない中に，負のスパイラルが少しずつ進んでいくのだ．このような流れは，年齢が高くなるほど，起こりやすくなる．全体に運動量が減って，身体の基礎代謝（生きるため最低限に必要なエネルギー）が低下するので，栄養分が余剰になりやすいからである．

　このような話は大人だけかと思っていると，そうではない．最近，"子どもの肥満（小児肥満）"は，全体の10％前後にみられ，若年成人病のリスクとして注目されているのだ．子どものライフスタイルの変化によって，一昔前よりも，生活習慣病が早い時期に起こるようになった．様々な原因があろうが，日本の子どもの身体に変化が起こっているのは確かである．栄養のバランスはどうか．食事は規則的にとっているか．身体を十分に動かしているか．室内のゲームやスマートフォンに依存していないか．コンビニやファーストフード店で手軽に飲み食いしていないか．最近の学会などにおいても，子どもの肥満症やメタボリック症候群について，頻繁にとりあげられるようになった．

どの程度の食事をとれば適切なのか．毎日の生活の中で，食べる量や中身，カロリーなどをコントロールするのは，なかなか容易ではない．食事と運動のバランスにもよるであろう．自分の体調がよい時の体重を知って，その目安の近くに調節する．"1日3食を規則正しく"，そして"バナナ3本分のウンチ"というのがちょうどよいそうだ．

栄養がエピゲノムを変える

　同じゲノムをもつ一卵性双生児のふたりが，年をとるにつれて，その違いが段々に現れてくることを**1章**で述べた．生まれつきの遺伝子が全てではなく，生後の生活習慣や成育環境が影響するというのである．しかも，双生児の間で，遺伝子の状態（エピゲノム）が次第に違ってくることがわかってから，環境因子，特に食事や栄養がエピゲノムに与える影響について，にわかにクローズアップされてきた．

　食べた栄養分を利用する代謝の過程では，様々な組織や臓器で数多くの代謝酵素が働いている．糖，脂肪，タンパク質の代謝経路において，それぞれに，AがBに変わって，BがCになって，Dが生じるという，一連の化学反応があるのだ．これらの代謝酵素の遺伝子を順にON/OFFして，うまく連動させる必要がある．しかも，食事の量や質はその都度に同じではないので，それに合わせた調整も欠かせない．栄養が過剰の場合もあれば，逆に不足の場合もある．このようなアン

バランスな状態が長く続いてしまう場合もあろう．このため，代謝にかかわる遺伝子の使い方，つまり，「代謝のプログラム」が大切な役割を果たしていると考えられるのだ．

　食事や栄養は，その人の生活習慣が最も現れやすいものである．朝はご飯か，パンか，ジュースだけか．肉と魚の好み．野菜のとり方．量や味付け．お茶やコーヒー，お酒．誰しも大まかな習慣があるだろう．これらの食事や栄養が，私たちの身体に作用するとしたら，何に働きかけるのか？それが，ゲノムの印づけ，つまり，エピゲノムに作用すると考えられるのだ（図6-2）．その時々の食事がすぐにエピゲノムに影響するわけではないが，5年，10年と同じ食習慣が続くとなると，少しずつの変化も蓄積するのではないか．生命体が環境因子に曝されると，それに適応するように，自らを変化させる性質があるからだ．特定の環境因子がいつも作用すると，

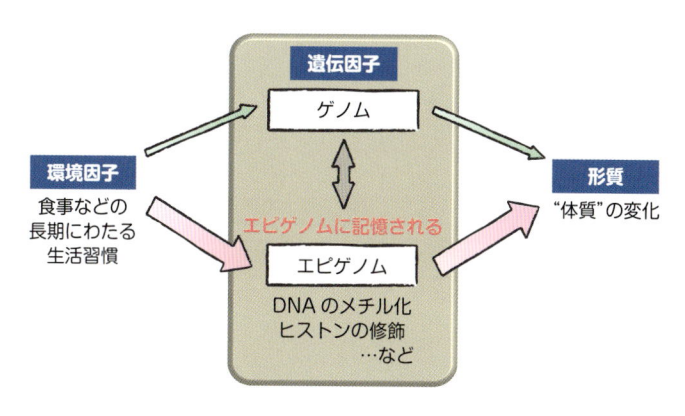

図6-2●遺伝因子と環境因子

ゲノムに印がついて，遺伝子の使い方も変わり，新たな形質がつくられる．おそらく，これが積み重なって，私たちの"個体差（いわゆる体質）"が形成されていくのではないか．

こう述べるのは，食事や栄養がエピゲノムに影響しやすい，特別の理由が考えられるからだ．**2章**のところで，エピゲノムには，DNAのメチル化，ヒストンタンパク質の修飾があることを述べた．これらのマークが，遺伝子のONとOFFの印づけになっている．DNAのメチル化とは，CG配列の中のシトシンにメチル基がつけられることであった．

ではヒストンタンパク質の修飾とは，何であろうか．これについて説明を追加しよう（**図6-3**）．ヒストンの修飾には，いくつかの種類が知られている．主なものは，「アセチル化」，「メチル化」，「リン酸化」とよばれるものである．それぞれ，タンパク質の中の特定のアミノ酸に印としてつけられ，その

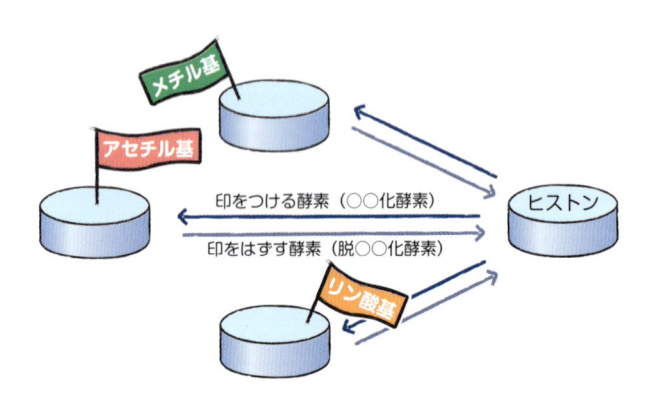

図6-3●ヒストンの修飾

印がまた別のタンパク質に読み取られる[※3].ならば,これらの修飾はどこから来ているのか? 注目すべきことに,DNAとタンパク質のメチル化に使われる「メチル基」は,"S-アデノシルメチオニン"というアミノ酸に由来している.メチオニンは,私たちが肉や魚,牛乳,小麦などから摂取している必須アミノ酸である.同じように,アセチル化に使われる「アセチル基」は,糖や脂肪酸からつくられる"アセチルCoA"に由来するものである.また,リン酸化に使われる「リン酸基」は,エネルギー源である"ATP"という核酸に由来している.いずれも,これらの修飾の源は,栄養分から細胞内でつくられた代謝物なのである.このように,エピゲノムの修飾とは,食事で取り入れた栄養分に由来しているのだ.こう考えると,食事や栄養,そして代謝の状態は,遺伝子の印づけに直接に影響を与えるだろうというのである(図6-4).

さらに,面白いことがわかってきた.エピゲノムに修飾をつける酵素があれば,その修飾を取り除く酵素もある.ゲノムの印づけは,つける酵素と取り除く酵素の働き方のバランスによって決まっている.例えば「メチル化酵素」は,S-アデノシルメチオニンを材料にして,メチル基をDNAやヒストンにつけている.また「アセチル化酵素」というものがあって,アセチルCoAを材料にして,アセチル基をタンパク質につけている.これらの代謝物を材料にして,酵素が働くことができるのだ.

※3 DNAのメチル化は基本的に遺伝子をOFFにする働きがあったが,ヒストンの修飾はONであったりOFFであったりやや複雑である.

エピゲノムの修飾を取り除く酵素（普通，脱○○酵素とよぶ）については，どうか．この後に述べるように，ビタミンに由来する代謝物が，脱アセチル化酵素である「サーチュイン」の働きに必要なのである．また別のビタミンからつくられる代謝物は，脱メチル化酵素の「LSD1（エル・エス・ディ・ワン）」が働くために必要である．このように，私たちのエピゲノムに作用する酵素は，色々な代謝物によって調節されていることになる．

　このため，栄養のとり方が長い間に偏っていると，エピゲノムのプログラムが書き換えられる．エピゲノムの修飾が変わると，遺伝子発現のパターンが変わる．その結果として，

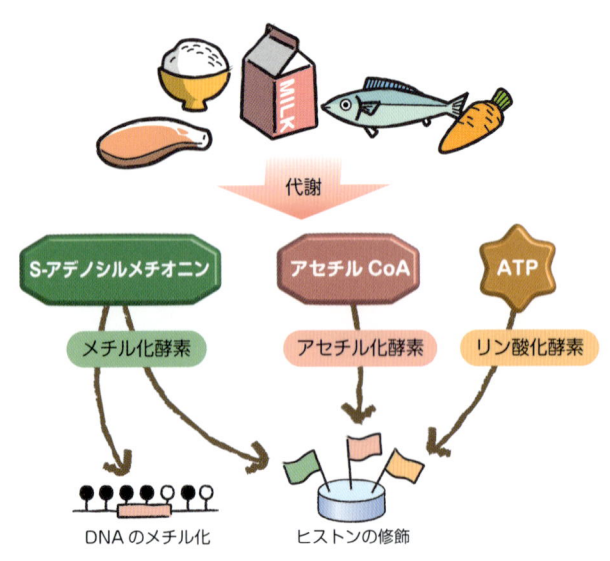

図6-4 ●栄養とエピゲノム修飾

生活習慣病の発症につながるのではないかと予想できるのである．

長寿に働くサーチュイン

　食事と代謝は，連動しなくてはならない．ところが，栄養分が代謝にかかわる遺伝子の働き方にどう影響するのか，実は不明の点が多い．食事や運動は，その中身も量も日々変動する．しかし，私たちの身体は，ほぼ一定の状態に保とうとする．この働きを「恒常性」とよんでいる．ロボットや機械は，電気や燃料があれば動くが，もしもなくなればパッタリと止まってしまう．他方，生命体は，食料の供給が変化しても，当面は身体の中のエネルギーのバランスを調節して動くことができるのだ．

　最初に説明するのが，「サーチュイン」という脱アセチル化酵素である．タンパク質につけられたアセチル基を取り除く働きをする．2011年にNHKスペシャルで「長寿遺伝子」として紹介されたので，ご存じの方もおられよう．サーチュインには数種類があるが，最初に発見された「Sirt1（サート・ワン）」がよく知られている．飢餓や十分な食事を得られないカロリー制限の状況では，栄養分が足りないので，自らの身体に蓄積した材料を燃やしてエネルギー源を供給する仕組みが働く．この栄養不足に対する応答のスイッチを入れるのが，Sirt1である．この酵素が働くためには，一種のビタ

ミンに由来する「NAD（ニコチンアミド・アデニン・ジヌクレオチド）」が必要である．NADは，Sirt1の酵素の働きを助けるので，このような役割の分子を「補酵素」という．

　飢餓の状態になると，細胞内ではどういうことが起こるか（図6-5）．最初に，細胞内のNADの量が増加する．この増加のメカニズムは，実はよくわかってはいない．NADが増加した結果，Sirt1の働きが高まると，多くのタンパク質に対して脱アセチル化を起こすのである．その標的の1つには，代謝全体を上げ下げする「PGC-1α（ピー・ジー・シー・ワン・アルファ）」という，転写を調節するタンパク質が知られている．このPGC-1αは，Sirt1によって脱アセチル化されることで，細胞の代謝を促進する遺伝子群の発現を高めるのだ．

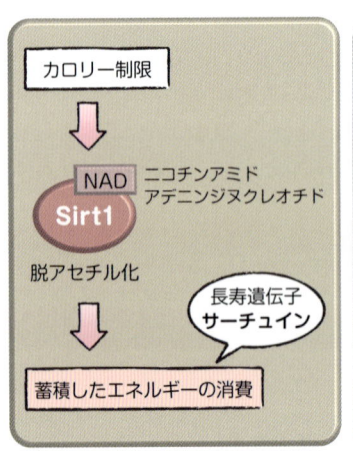

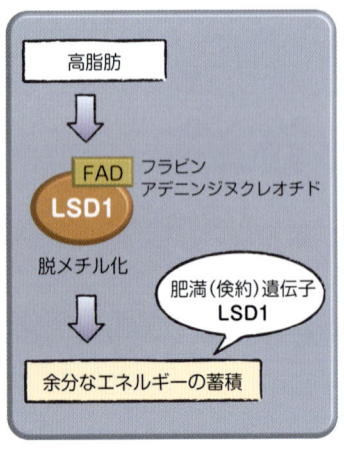

図6-5 ● Sirt1とLSD1の働き

第6章 食事はメモリーされる

すなわち，細胞内に蓄えていた糖や脂肪を材料にして，エネルギー源であるATPを合成するのである．この時には，細胞の中にある「ミトコンドリア（いわば，エネルギー産生工場）」が，ATPをつくる場である．こうして，飢餓やカロリー制限に対して，自分の身体の一部を燃やして，エネルギーを確保しているのである．この飢餓に対する応答では，NADの増加によって，サーチュインが働いて，代謝の恒常性を保つわけである．

サーチュインは，2000年，マサチューセッツ工科大学のレオナルド・ガレンテ教授らが，酵母を用いた実験で発見したものである．酵母のサーチュインに相当するSir2を欠いた変異体では，その寿命（細胞分裂の回数）が半分くらいに短縮した．その逆に，Sir2遺伝子の発現を増やすと寿命が約30％延長することがわかったのである．このため，「長寿遺伝子」の候補として一躍注目されるようになった．その後に，色々な研究が行われて，ヒト，サルを含めた生物種で，摂取カロリーの制限が寿命をのばす可能性が示唆された．そのカロリー制限の時にサーチュインが重要な働きをするので，寿命との関連が一躍の注目を集めたのだ．また，赤ワインなどに含まれるポリフェノールの一種であるレスベラトロールに，サーチュインを活性化する作用があると報告された（**図6-6**）．いずれも話題性は高かっ

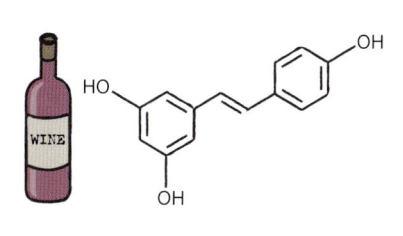

図6-6 ●レスベラトロール

た反面,研究者間で見解がわかれることも多かった.サーチュインに関する研究は,現在,世界中で進行している.アンチエイジングや長寿の話題性にとらわれず,科学的に解明されることが肝要であろう.

肥満を促す LSD1

次に,「LSD1」という脱メチル化酵素を紹介しよう.タンパク質のメチル基を取り除く酵素である.

ヒストンタンパク質のメチル化は,酵母からヒトまで高く保存されている.2004年に,ハーバード大学のヤン・シー博士らは,哺乳類の脱メチル化酵素を初めて発見した.その酵素LSD1は,ヒストンのメチル基を除去して,遺伝子の発現を抑制することがわかった.さらに,別の研究グループから,LSD1の酵素活性を阻害する薬剤が報告された.ある酵素の働きを抑える薬剤があれば,その本来の機能を調べやすくなるのである.しかも,それは,欧米で抗うつ薬として使用されたトラニルシプロミンとよばれるものであった.すでにヒトに使用されていた薬が,LSD1の働きを阻害することがわかったのだ.

LSD1はそのタンパク質のアミノ酸配列から,ビタミンB2を材料に細胞内で合成される代謝物「FAD(フラビン・アデニン・ジヌクレオチド)」を"補酵素"とすることが予想された.そこで,私たちの研究グループは,LSD1が栄養と代

謝をつなぐ役割を果たすだろうと考えたのである．

実際にマウスでLSD1の発現を調べてみると，脂肪組織で高く発現していた．そこで，脂肪細胞のLSD1の働きを阻害してみると，細胞の中に蓄積した脂肪が著しく減少することがわかったのである．LSD1を阻害した時に何が起こっているのかを明らかにするため，全ての遺伝子の発現状況について調べてみると，ミトコンドリアの機能を促進する遺伝子群，脂肪の分解を促進する遺伝子群の発現が増えることがわかった．この中に，先程の「PGC-1α」遺伝子も含まれていた．この結果は，LSD1がPGC-1α遺伝子の発現を抑制していることを示していた（図6-5，図6-7）．つまり，LSD1はPGC-1α遺伝子の発現を抑制して，細胞内に余分なエネルギーを蓄積するように働くと考えられた．このため，LSD1を阻害すると，蓄積した脂肪が消費されて，細胞内の脂肪は減少したわけである．

この結果について，高脂肪食を与えて肥満を促したマウス

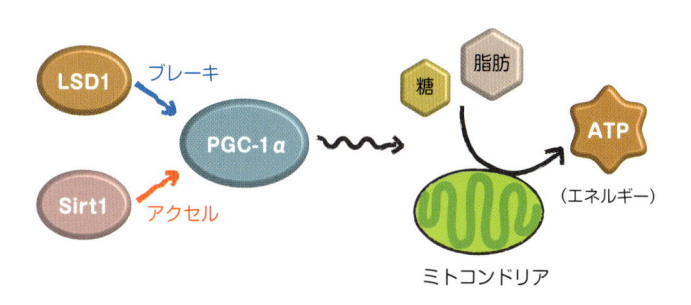

図6-7 ● エネルギーの消費/蓄積を調節するPGC-1α

で確認することにした．LSD1の働きをトラニルシプロミンで阻害すると，予想した通りに，肥満の状態は著しく改善したのである．体重の増加は適度に抑えられて，高脂血症やインスリンへの抵抗性（糖尿病に似た状態）も回復した．このように，高脂肪食で誘導した肥満の状態でLSD1を阻害すると，肥満とその合併症が改善することがわかった．すなわちLSD1の働きは，余分な脂肪を蓄える，つまり，肥満を促すと考えられた．

脂肪を多く含んだ食事をとると，LSD1がエネルギーの消費を抑えて，余分な脂肪を貯め込む結果，肥満が起こる．つまり，負のスパイラルが始まるのだ．おそらく，ヒトなどの哺乳類は，その進化の過程でひどい飢餓をくぐり抜けてきたので，余分な栄養分があれば，その後の飢餓に備えて貯めるという仕組みを獲得しているのだろう．このように，LSD1はエネルギーの蓄積に働くことから，私たちは2012年に「肥満（倹約）遺伝子」として報告した．

こうして，Sirt1とLSD1が，それぞれ，逆の栄養条件の下で働くことが明らかになった（**図6-5**）．Sirt1は，飢餓の時に，蓄えたエネルギー源を使うように働く．"やせる人はどんどんやせる"ことになる．一方，LSD1は，余分な栄養分を蓄えるように働く．"太る人はどんどん太る"というわけである．しかも，Sirt1の活性はNAD，LSD1の活性はFADというビタミン由来の補酵素によって調節を受けるのである．最近，細胞のエネルギー代謝がうまく回らないと，色々な病気が起こることがわかってきた．肥満や糖尿病に限らず，ア

ルツハイマー病や老化もエネルギー代謝の低下がかかわっている．このため，細胞のエネルギー代謝を改善する薬剤は，新しい治療法の開発につながる可能性があるのだ．

栄養によって変化するアグーチマウスの毛色

現在に到るまで，栄養に関する研究はマウスで行われることが多い．動物実験に用いられるマウスの系統には，それぞれの特徴がある．最も区別しやすい形質が，毛の色である．このうち，茶色の毛のマウスをアグーチマウスとよんでいる．その1系統である，アグーチ・バイアブル・イエロー（A^{vy}）マウスを用いて，1998年に米国のジョージ・ウルフ博士らが先駆的な研究を報告した（図6-8）．妊娠中の雌マウスの餌に，DNAやタンパク質のメチル化に必要なビタミン類[※4]を添加する群，これらを添加しない群を比較して，生まれた仔に対する影響を調べた．これらのビタミンは，メチル化の元になる，S-アデノシルメチオニンを細胞内で合成するために必要であることが知られている．

A^{vy}の遺伝子は，皮膚の細胞で黄色色素をつくる働きをもつので，これが発現するマウスでは，体毛が黄色になる．他方，DNAのメチル化で，A^{vy}遺伝子の発現が抑制されたマウスの

※4 詳しくは，葉酸，ビタミンB12，コリン，ベタイン．

体毛は，黒・茶色になるのだ．A^{vy}マウスの妊娠雌に，メチル化に必要なビタミン類を含んだ通常の餌を与えると，黒・茶色の毛並みの仔が生まれた．同じ飼育環境で，これらのビタミン類を欠いた餌を与えた母マウスからは，黄毛の仔マウス（1代目）が生まれたのである．調べてみると，A^{vy}遺伝子のプロモーターのメチル化が外れて，この遺伝子が発現して，黄毛の仔マウスになったというわけである．

　その後，黄毛の仔マウスから生まれた孫マウス（2代目）にも，この形質が受け継がれることが観察された．ウルフ博

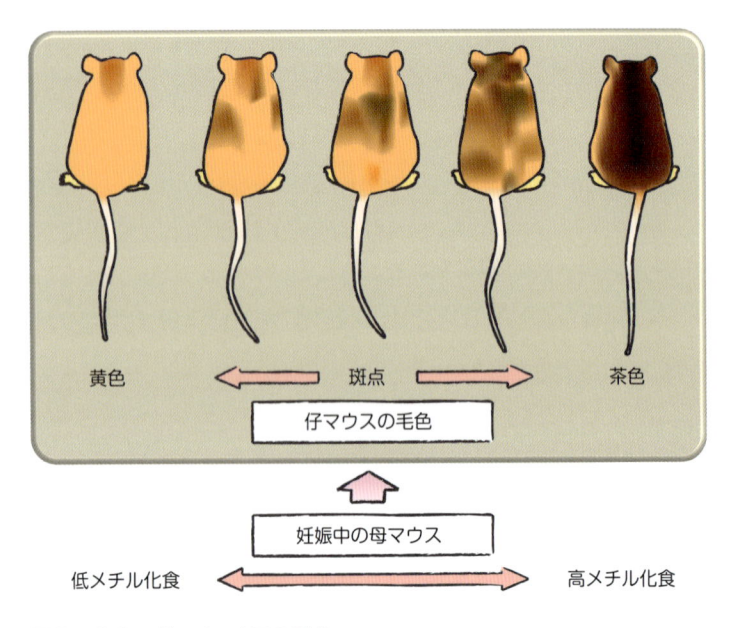

図6-8 ●アグーチマウスの毛色

士らの研究は，妊婦がとる食事や栄養が，胎児（子）の遺伝子の印づけに影響を与えて，身体の特徴を変化させる可能性を実験的に初めて示した．このような条件がそろえば，ヒトでも同じ変化が起こるだろうということだ．

食事は私たちの身体に"メモリー"されるのか

　では，食事や栄養の状態が本当にエピゲノムに記憶されるのか．ヒトで実際に起こった話から始めよう．この議論の発端は，先の戦争体験の中から出てきた．

　時は，第二次世界大戦が終わりに近づいた頃であった．「オランダ飢饉」とよばれる悲惨な出来事が起こったのである（**図6-9**）．1944年9月〜1945年5月であったことが明確に記録されている．当時，この大戦が終結に向かう時期に，オランダは，後退するナチスドイツ軍の最後の砦にあたる場所になった．交通路はほとんど遮断されて，食糧の輸送は閉ざされた．戦争による破壊のうえに，その年の記録的な寒さも重なって，オランダの一部ではひどい食糧難に陥ったのである．

　食糧不足はきわめて深刻になり，その住民の1日の摂取カロリーは，1,000キロカロリーから，600キロカロリーくらいまで落ち込んだという．一般的な成人の目安が，2,000キロカロリー前後とすると，半分から3分の1である．極度の飢えと寒さの事態が数カ月に及んだ．戦争が終結した後，ク

レメント・スミス医師（後のハーバード大学小児科教授）などによる調査がなされた．1947年，妊娠中にこのオランダ飢饉を経験した母親から生まれた子どもたちは，出生時の体重が小さいことが報告された．これは，胎児期に低栄養であったことを示す．ところが，その後の追跡調査によって，これらの人々が成人になると，肥満などを発症しやすいことがわかってきたのだ．

第二次世界大戦時（1944-45年）に
ナチスドイツの侵略
⇩
オランダでひどい食糧難・飢饉
⇩
妊娠中に飢饉を経験した母親からの
出生児の調査
⇩
低出生体重・その後の肥満

図6－9●オランダの飢饉のその後
オランダの飢饉について記述された書籍の表紙を，許可を得て掲載した（上：**The Hunger Winter** by Henri A. Van Der Zee, published by University of Nebraska Press, Lincoln, Neb., 下：**A Boy in War** by Jan de Groot, published by Sono Nis Press, Winlaw, BC, Canada）

この事実をもとに，胎児期の成育環境が，その後の生涯における健康状態に影響するのではないかという考え方が出てきたのである．これを検証するために，英国のデビッド・バーカー博士らが長年にわたる臨床研究を行った．1989年に，ヒトの低出生体重児[※5]が，成人した後に「心臓病（心筋梗塞など）」を発症しやすいという結果をまとめた．さらには，低体重で生まれた場合には，「2型糖尿病[※6]」や「肥満」などの成人病を発症しやすいことを報告した．

　バーカーらの報告を契機に，低出生体重児がその後に成人病に罹りやすいというデータに対して，興味深い仮説が提唱された．低出生体重児は，その生存のために，少ない栄養を効率よく利用できるように適応してきた．つまり，代謝のプログラムを"倹約型"に変えてきたという考え方である．出生後に栄養が十分にとれるようになると，余分な栄養を蓄積しやすく，生活習慣病に陥りやすいのではないかと推測されたのである．これが「成人病の胎児期起源説」といわれるものだ（**図6-10**）．

　本書では，胎児期の「発生のプログラム」に変化が起こると，病気になりやすい"種"が生じると述べてきた．胎児期の飢餓に適応するために，エピゲノムに新たな印づけがなされたのではないか．つまり"胎児期の栄養や代謝の状態は，エピゲノムに記憶される"という考え方に結びつくのである．この意味から「代謝メモリー説」ともよぶ．現時点で，この

※5 出生時の体重が2,500g未満の新生児をいう．
※6 インスリンが働けないタイプの糖尿病．

考え方を直接に実証する報告はなされていないが，生涯の健康を考えるうえで，胎児期から成人期までを連続してとらえる観点が重要であることがわかってきたのだ[※7]．

このように，病気の発症にかかわる因子を統計学的に検討する手法を疫学調査という．一般に，疫学調査の結果は，人種やもって生まれた遺伝子のパターンなどで大きく違うので，各々の国や地域で行われることが多い．厚生労働省の統計によると，日本では近年，1年間の出生数は105万人程度で横

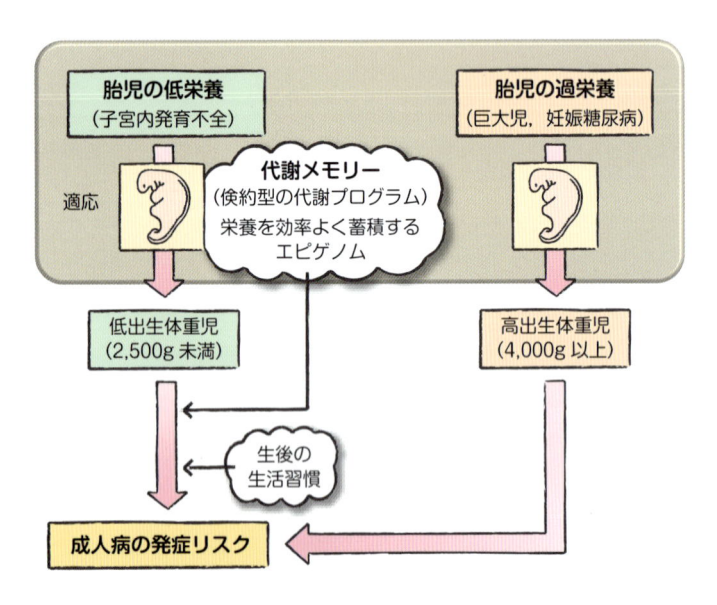

図6-10●成人病の胎児期起源説（代謝メモリー説）

※7 他に，母親の妊娠糖尿病などで胎児の過栄養があると，高出生体重児が生まれやすく，この場合も将来の成人病につながる．

ばい〜やや減少傾向である（**図6-11**）．ところが，注目すべきは，低出生体重児の割合が増加傾向にあることである．平成21年度の全出生数の9.6％が，低出生体重児である．10人の出生に当たり1人というきわめて高い数字である．出産・新生児に向き合う医師からも，この事実に驚くような声が聞かれるほどである．つまり，日本人の赤ん坊は，変わってきたのである．低出生体重児が増えてきた要因として，妊婦や周辺者の喫煙，高齢出産や多胎児の増加，妊娠中のカロリー制限などがあげられている．わが国で，慎重かつ速やかな対応が求められているところだ．

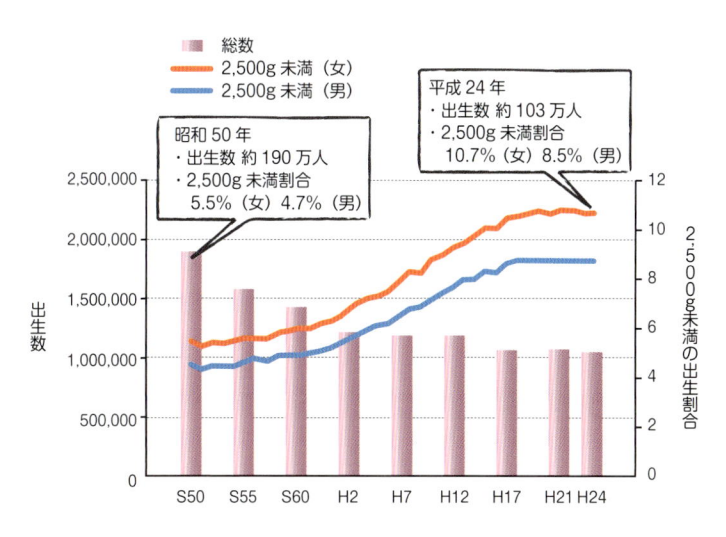

図6-11 ●わが国における出生数と低出生体重児の動向

厚生労働省資料「母子保健の現状」「平成26年 我が国の人口動態」よりデータを引用

トランスジェネレーションと見直されるラマルク説

　低出生体重児が成人病になりやすいことについて,「代謝メモリー説」で説明してきた.食事などの環境因子によってエピゲノムが変化するならば,その変化は本人だけのものか.あるいは,世代を超えて子孫にも遺伝するのか.親の世代で生じたエピゲノムの印づけが,その次の世代にも伝えられるのか.＜エピジェネティック＞な遺伝を考えるうえで,この"世代を超えて伝わるのか"が議論されるようになった.

　世代（ジェネレーション）を超えて伝わるという意味で,「トランスジェネレーション」という言葉が使われている.「トランス（trans）」とは,"横断"や"超越"という意味の接頭語である.マウスやラットを用いた動物実験,ヒトの疫学調査を用いて検証が進められているところだ.例えば,妊娠中の母が飢餓や高脂肪食などの環境因子を受けた場合,生殖年齢の父がそのような環境因子を受けた場合などについて,親子のエピゲノムが比較検討されている.ヒトは寿命の長い生物のため,トランスジェネレーションに関する研究は長い時間を要するが,現在のところ,いずれか一方の親が環境因子に暴露されると,それが子孫に影響を与える可能性は否定できない.

　エピゲノムによる記憶を考えると,生物の進化と適応との関連性について思い浮かぶことがある.いわゆる,ダーウィン

説とラマルク説のことである（図6-12）.

1859年に提唱された「ダーウィン説」は自然選択説ともよばれ，遺伝的な変異がランダムに起こる中で，環境因子によって選択が起こり，その結果として，特定の変異が固定する．こうして，環境の変化に適応するというモデルである．歴史的に，このモデルが生物進化の機序として広く支持されてきたのである．

他方，その50年前に提唱された「ラマルク説」は用不用説ともよばれ，環境因子が特定の遺伝的な変異を起こし，それが固定することで適応するというモデルである．高所の木葉を食べるために，キリンの首が段々に伸びていったと例示

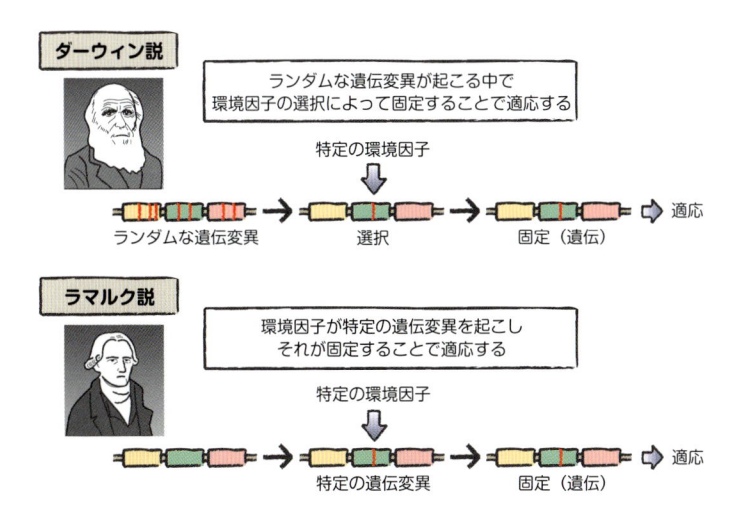

図6－12●ラマルク説とダーウィン説

されることもある．実は，こちらに該当する例は，あまり明らかではなかった．ところが，＜エピジェネティック＞な遺伝がラマルク説の例として位置づけられる可能性が出てきたのである．すなわち，長年の食習慣がエピゲノムの印づけを変えて，それが記憶されるという考え方に近いのである．

　この章では，食事や栄養という環境因子が，私たちのエピゲノムに及ぼす影響について述べてきた．長い目で見ると，食事がエピゲノムの印づけを変える可能性があるのだ．食事で摂取した栄養物から体内で代謝物がつくられて，この印づけの元になっている．摂取するカロリー過剰で起こる肥満の場合，逆に，カロリー不足による飢餓の場合，エピゲノムにどのように印づけがなされるのか．そして，本人だけでなく，その子孫にも伝わるトランスジェネレーションはあるのか．この「代謝メモリー」についての研究は，始まったばかりなのである．

Column

温故知新，時代はめぐる

　科学が進歩すると，新たな事実がわかってくる．それによって，古く議論されたことがあらためて見直される場合もある．その1つが，前述したように，生物の進化と適応に関するダーウィン説とラマルク説である．

　もう1つ有名な話がある．歴史的に，グレゴール・ヨハン・メンデルは，エンドウ豆の種子を用いた交配実験によって，遺伝には決まりがあることを発見した．今では「メンデルの遺伝の法則」として生物の教科書に書かれているものである．ところが，発表の当時（1865年）は，私たちの特徴を決める遺伝因子（現在の遺伝子とよばれるもの）の存在は明らかではなく，メンデルの考え方は世の中ですぐに理解されなかった．その後，1900年にユーゴー・ド・フリース，エーリヒ・フォン・チェルマク，カール・エリッヒ・コレンスの3人の独立した研究によって，メンデルの発表が再発見，再評価されることになったわけである．このように，物事は白紙の状態で繰り返し思考されることが肝要である．

　北九州市の小倉城の近くにある松本清張記念館を訪れた時である．入ってすぐに，清張氏のインタビューのビデオ映像が流れている．その最後のメッセージが「常に先入観なく考えないと，科学や社会に新しい発見や進歩は望めない」であった．

7 ストレスと脳の働き方

記憶と学習

　私たちが生きる現代は，家電1つをとりあげても，随分と便利になってきた．簡単に手早くできるが，何か余裕がなくなったと感じるのはなぜだろう．見渡せば，巷にはストレス解消グッズなるものが溢れている．今も昔も，その中身は違っても，ヒトはストレスを受けてきたはずである．この章では，ストレスに対して脳がどのように対応するのか，脳の働き方について考えてみよう．

　私たちは，日々，脳への刺激を受けて学習している．外部からの刺激は，最終的に脳で受容されて，処理されて，記憶される．あの時はこうだったという記憶が，次に刺激を受ける時の応答に活かされるのである．このような脳の神経細胞における記憶とは，一体，何であろうか．科学的には未解明

第7章 ストレスと脳の働き方

の部分が多いが，エピゲノムの修飾は，魅力的な候補の1つである．エピゲノムに起こる印づけから，ストレスと脳の働き方を考えてみると，案外と手がかりが得られるかもしれないのだ．

誰もが，子どもの時期を経て，大人に成長していった．身体のサイズが大きくなるとともに，経験と学習によって，脳の働き方が大きく変化するのだ．前に述べたように，"子どもは大人のミニチュアではない"．日常の生活の中で，子どもはたくさんの刺激（ストレス）を受けて，自然に応答することを繰り返している．自分にとって好ましいこともあれば，逆に，嫌なことにも出会う．ほとんどは忘れるとしても，経験の一部は記憶として残って，以前の場合はこうだったと参照されるのである．子どもの時期は，初めての体験が多いので，脳への刺激は限りなく大きい．しかも，回りのことはあまり気にせずに，自分が好きなものと嫌いなもの，自分の味方と敵など，本能的に判断する．残念ながら，大人の理屈は通じないことが多い．このため，子育て中の親は，何かと戸惑うわけである[※1]．

親は子を育てる反面，子から学ぶことも多いものである．子どもの近くにいて，あたかも，自分の第二の人生を疑似体験できるからである．親は子どもの体験を一緒になって受けとめる，最も身近な存在である．子どもの成長に新しい発見や驚きをもちながら，家族としての結びつきや愛情が強まっ

[※1] 子どもの脳の働き方について，大人はすっかり忘れているのだ．あれこれと考えるよりも，"子どもは宇宙人"くらいの気持ちで見守るのがよいかもしれない．

ていく．親の愛情が子どもにどのような影響を及ぼすのか，そういう研究についてもこの後に紹介したい．ヒトは，生来もっている「生命のプログラム」に沿いながら，色々な経験と学習を重ねていくのである．

ストレスと"火事場の馬鹿力"

「ストレス」という言葉は，もともとは"外からの刺激が起こす心身の応答"を意味している．ストレスの要因について，本来は「ストレッサー」という言葉が用いられる．つまり元はといえば，刺激に対する反応がストレスだったが，近頃では刺激そのものをストレスとよぶようになってきた．これには，心理的なものから身体的なものまで，幅広く含まれている．例えば，仕事や人間関係，近縁の死，転勤，育児，災害などがあげられるであろう．暑さ・寒さ，騒音，振動，光，薬剤，細菌やウイルスの感染なども原因になるので，きわめて多彩である（図7-1）．しかも，ストレスは，その受け手側の個人差が大きいことも特徴である．たとえ同じ刺激を受けても，平気であったり，大きな悩みになったり，人によって心身の反応は同じではない．

医学の中で「ストレス」を初めて唱えたのはカナダのハンス・セリエ博士で，1940年頃のことと言われている．もともと，工学・物理学の分野で，物体に力が加わって生じる"ひずみ"のことを指していた．また，ほぼ同義の医学用語とし

第 7 章　ストレスと脳の働き方

て「侵襲」という言葉があり，外科学で使われることが多い．患者にとって，病気そのものは侵襲であるが，手術や医療処置も同じく侵襲なのである．実際に手術を受けた患者の血液中で，ストレスに応答するホルモン（後で述べるグルココルチコイド）が上昇することが知られている．病気であっても，治療であっても，侵襲（ストレス）に対する心身の応答は同じなのである．

　ストレスを受けたり，窮地に陥った場合を想像してみよう．俗に言われる"ファイト・オア・フライト（闘うか，逃げるか）"である[※2]．そのストレスと闘うために，ヒトは心身の

図7-1●ストレス

※2 私たちの全身は主に交感神経と副交感神経という自律神経にコントロールされている．前者は"ファイト・オア・フライト（闘うか，逃げるか）"の神経，後者はリパスト・アンド・リポーズ（栄養と休息）"の神経とよばれ，それぞれ身体のアクセルとブレーキの役目を担っている．

アクセルを全開にする．ストレスによって，緊張感が生まれて，事態がよい方向に進むこともある．逆に，力が入りすぎて空回りして，結果としてうまくいかないこともある．いずれの場合も，ほとんどの人が経験ずみのことであろう．

　心臓はドキドキで，身体が震えるほどであるが，神経は集中する場合がある．心拍数や血圧は上がり，ブドウ糖や酸素が体中へ多量に送り出される．神経系や内分泌系もフル回転し，副腎からアドレナリンやグルココルチコイドといったホルモンが分泌される．"火事場の馬鹿力"である（**図7-2**）．こうして困難な状況を乗り越えると，自分の能力に自信をもてるようになる．ストレスも慣れてくると，不思議と，耐性が身についてくる．楽しむまでいかなくても，適応するのである．面白いことに，逆にストレスが全くない状態では，人

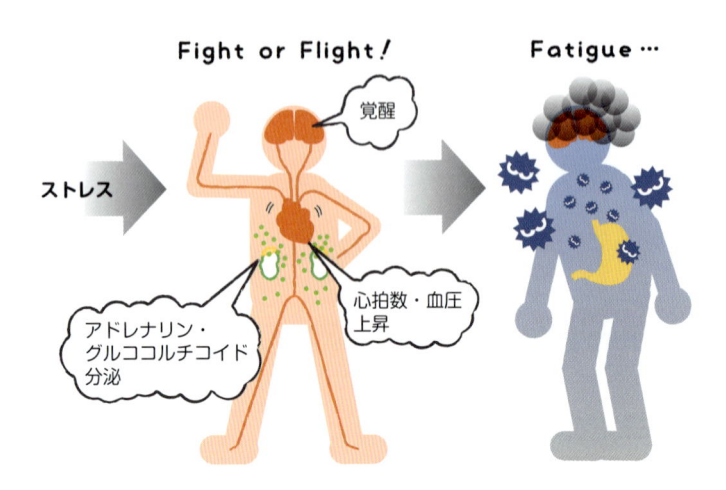

図7-2●ストレスと"火事場の馬鹿力"

は挑戦する意欲も少なくなり，達成感もなかなか得られないものである．

他方，ストレスが強大で，しかも長い時間にわたると，私たちの心身はついていけなくなる．体力の消耗とともに，集中力や判断力が鈍ってくる．自律神経に負荷がかかれば，めまいがする，胃が痛いなどの症状が起こることがある．身体の免疫力も低下して，風邪を引きやすいなど，体調自体が低下する．誰にも起こりうることであるが，どう対処したらよいのだろうか．

ストレスの応答には，個人差が大きい．このため，他人のコンディションは，周りの人に意外にわかりにくいものである．お互いが理解できるように，自分の感情や思いを人に率直に伝える，そして，人の話に耳をよく傾けるという，日頃のコミュニケーションをもつのが最も大切ではないか．話をすると，気持ちが入れ替わって，周りから思いがけないアドバイスを受けることもできる．時代が変わっても，生きていく基本は，お互いに顔が見える付き合いであろう．

グルココルチコイドとストレスの"記憶"

このようなストレスへの応答に重要な働きをするのが，「グルココルチコイド（糖質コルチコイド）」である．これは，コレステロールを材料にして，副腎で産生される"ステロイド"

とよばれるホルモンである．「グルコ※3」が"糖"を意味するように，肝臓においてブドウ糖の合成を促して，血糖値を上げる働きをする．ストレスと闘うためには，そのエネルギー源として，血糖を増やすことが必要なのである．

私たちが心身に対するストレスを受けると，脳からの指令を受けて，副腎から血液中へグルココルチコイドの分泌が増える（**図7-3**）．その結果，肝臓や筋肉で糖が合成されるようになる．身体の各組織では，このブドウ糖をエネルギー源としてストレスと闘うことができるわけである．つまり，私たちがストレスに応答するために，このホルモンの量や作用は，適切に調節されなければならないのだ．

グルココルチコイドがうまく働かないと，どうなるのだろうか．2つの病気が知られている．ホルモンの異常による病気には，通常，過剰な場合と過少な場合がある．グルココルチコイドが血液中に必要以上に増加すると，肥満，高血圧，糖尿病，骨粗鬆症，高脂血症などを引き起こすことが知られている．また，感染症にかかりやすく，抑うつ状態なども起こすことがある．ホルモンの過剰によって，これらの症状がみられる場合，「クッシング病」とよばれている．逆に，グルココルチコイドが働かない場合は「アジソン病」とよばれ，重度の全身症状によって，生命自体が脅かされるほどである．つまり，このホルモンは，生命を維持するうえで欠かせない

※3 よく似た言葉として，"一粒300メートル"のキャラメルの「グリコ」があるが，この名前はグリコーゲンから来ているという．身体の中の糖は，グリコーゲンとして肝臓や筋肉に蓄えられているので，必要な時に，これがブドウ糖の供給源になるのである．

ものだ.

 このため，グルココルチコイドは，医薬品としても有用である．炎症やアレルギーを抑える薬，身体の免疫を抑制する薬として用いられている．人工的に合成された薬も含めて"ステロイド薬"とよぶが，正しく使いさえすれば，その効果はすばらしいものである．

 では，グルココルチコイドは，標的となる細胞にどのように働くのか（**図7-3**）．一般に，ステロイドホルモンは，脂肪に近い性質をもつので，細胞膜をそのまま通過できる．細胞

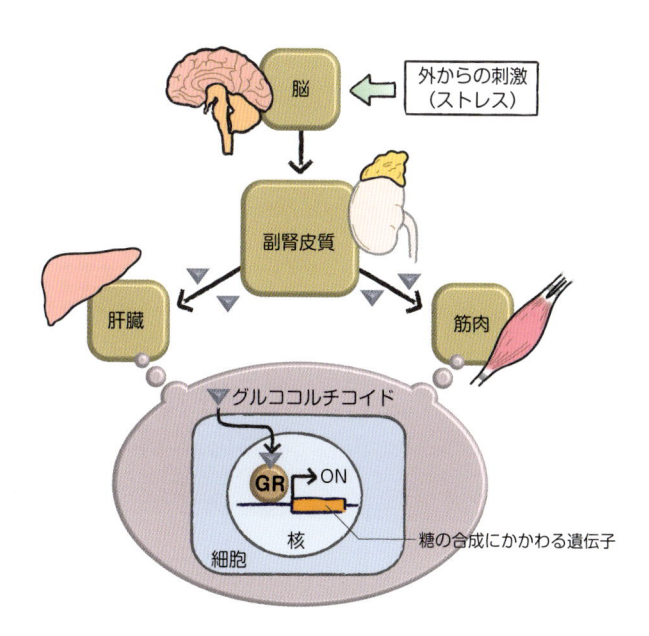

図7-3●グルココルチコイドの働き方
GR：グルココルチコイド受容体

内に入ったグルココルチコイドは,「グルココルチコイド受容体（GR）」に結合して, この働きを活性化する. GRは転写因子であるため, 多くの遺伝子の発現に影響を与えるのである.

　具体的に, 肝臓を例にあげて説明しよう. マウスの肝臓の細胞を用いて, グルココルチコイドの働きが調べられた. グルココルチコイドで活性化されたGRは,「チロシンアミノ基転移酵素（TAT）」という遺伝子に作用することが知られている（**図7-4**）. この酵素は, チロシンというアミノ酸を他の種類のアミノ酸に変換して, 糖を新たに合成することに働いている. もともと, TAT遺伝子の発現は, DNAのメチル化によって抑えられていた. ところが, 細胞がグルココルチコイドを受けると, 約2～3日を経てそのメチル化が取り除かれて, TAT遺伝子は発現するようになった. その後, グルココ

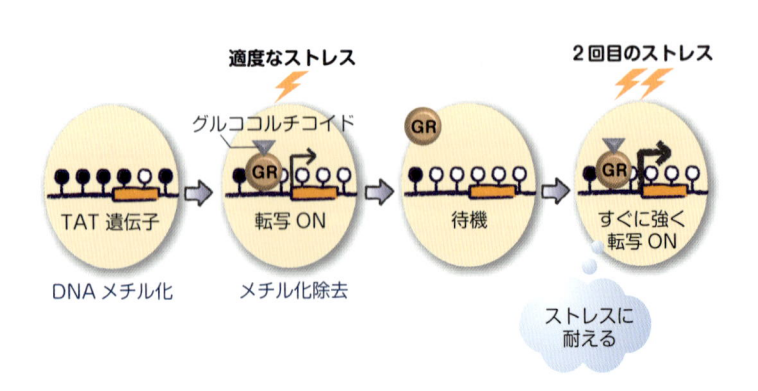

図7-4 ●ストレスはエピゲノムに記憶される

ルチコイドがなくなると，その発現は消失してしまった．グルココルチコイドの刺激によって，エピゲノムが変化したわけである．しかも興味深いことに，グルココルチコイドがなくなっても，メチル化のない状態が維持されていた．このため，同じ細胞がグルココルチコイドに再度曝されると，最初とは違って，すぐにTAT遺伝子が発現できたのである．

この実験の結果から，どのようなことが考えられるだろうか．細胞がグルココルチコイドの作用を受けた場合，GRが標的とする遺伝子では，DNAのメチル化が取り除かれた．すなわち，グルココルチコイドの刺激を受けたという"記憶"が，エピゲノムになされたのである．大切なポイントは，刺激がなくなっても，その記憶が残されることだ．発現を抑制するメチル化がないために，2回目のグルココルチコイドの刺激を受けると，すぐに応答できたのである．このように，ストレスの応答は，初回とそれ以降の場合では，質的に違ってくるのだ．ある程度の刺激を受けることで，別の機会のストレスに応答する準備ができるようだ．

親の愛情と脳の記憶

脳の中で，グルココルチコイド受容体はどのように働くのだろうか．また，親の愛情を十分に受けた子どもは，ストレスにも耐えやすいといわれているが，どうだろうか．確かに，自分が愛されているという心の支えがあれば，ある程度は我

慢できそうである．そういう人は，周りにも優しさをもち，人の痛みに共感しやすいのではないか．逆に，親の愛情をあまり感じないで育つと，心が不安定になったり，人とのコミュニケーションが不足しやすくなるのか．ささいな注意を受けたり，自分の思いと違うと，それに過剰に反応してしまうかもしれない．周りの人を信頼できないと，いわゆる"キレやすく"なりそうだ．

　なぜならば，幼い頃に形成される性格や人となりは，生涯を通じて維持されやすいからである．「三つ子の魂，百まで」のように，年をとっても変わらない部分があるのだ．このようなヒトの発達について，私たち研究者は，若年期の経験がエピゲノムに影響を与えるのではないかと推測している．つまり，愛情やストレスがゲノムの印づけを変化させて，それがメモリーとして維持されるのではないかと考え始めたのである．

　ラットを用いた動物実験で，次のような報告がなされた．母親の子育て行動が，仔のエピゲノムにどのような影響を与えるかという，興味深い研究である．出産後しばらくの間，母は仔をなめて毛繕いをする習性をもっている．その一方，あまり毛繕いをしない母もいる．毛繕いをよく受けた仔の脳の海馬とよばれる部分では，GR遺伝子のDNAのメチル化のレベルが低下していた．つまり，母から世話を受けた仔では，そういう世話を受けなかった仔に比べて，GR遺伝子のメチル化が低下して，GR遺伝子の発現が増えたというのである（図7-5）．

色々な条件下で，行動のパターンも調べられた[※4]．毛繕いを十分に受けた仔ラットは，成熟した後でも，心配性ではなく，ストレスに耐えることができるようだと述べられている．このように，生後間もない出来事が，生涯を通じてのストレス応答に影響するかもしれないというのだ．

さらに，幼若期に世話を十分に受けて育った雌ラットは，その後に，世話をよくする母になりやすい．他方，あまり世話を受けずに育った雌は，世話をしない母になる傾向があったという．子どもの時に受けた愛情が，脳のエピゲノムに記憶されて，それが行動に影響を与えているという可能性があるようだ．

エピゲノムの修飾として，DNAのメチル化が重要な役割を

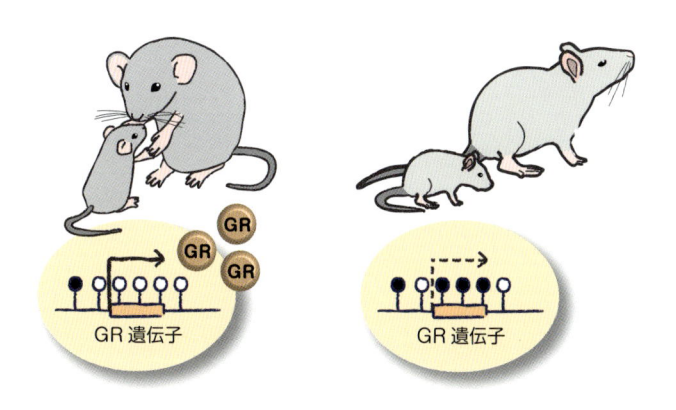

図7−5●愛情もエピゲノムに記憶される

※4 餌を探索したり，迷路を進む試験によって，通常みられる行動か，異常な行動かを判定することができる．

果たすことを繰り返し述べてきた．どんどん細胞が分裂する組織では，新しく生まれた娘細胞のゲノムにメチル化をつける必要があるので，DNAメチル化酵素は高く発現している．ところが，あまり増殖しない神経細胞でも，DNAメチル化酵素がたくさん存在している事実は，なぜかわかっていない．脳でDNAのメチル化がどうして必要なのか．外からの刺激によって，脳のGR遺伝子のメチル化が変化することを考えると，神経細胞のエピゲノムは活発に変動しているのではないかと予想できる．つまり，DNAのメチル化がつけられたり，外されたりすることが，脳の記憶にかかわるのではないかと考えられるのだ．

虐待，PTSDとエピゲノム

　ヒトは，ストレスの原因も，ストレスに対する感受性や反応も様々である．これまで述べたように，ストレスに関する研究は，主に動物実験でなされてきた．最近になって，エピゲノムを用いた，ヒトの臨床研究が行われるようになった．その中から，大変残念なケースであるが，小児期の虐待によって自殺に至った犠牲者に関する報告がなされた．虐待を受けた子どもの脳の海馬において，GR遺伝子のメチル化が増加して，GR遺伝子の発現が低下していたという報告であった．これは，小児期のトラウマ（心的外傷）がGR遺伝子の印づけに影響を与えた可能性を示すものかもしれない．そして，小

児期のトラウマが，その後の抑うつなどの精神的な障害に対するリスクの増加にかかわるかもしれないと述べられている．

　もう1つストレスと大きく関連するものがある．精神医学において最近注目される「外傷後ストレス障害（PTSD）」である．生命にかかわる重大なトラウマの後に，色々な苦悩や症状が出てくる状態である．自分の経験だけでなく，他人の経験でも起こることがあるという．1970年代に，ベトナム戦争から帰還した兵士が精神的な後遺症を受けたことから，この問題が提起されてきた．その後，自然災害，事故，犯罪の被害者などが，そのトラウマのため，同じような状態になりうることがわかってきた．この場合でも，脳の海馬の変化，GR遺伝子の異常がある可能性がいわれている．

　実際に，PTSDのある人，ない人から採取した血液細胞を用いて，ゲノム上の1万4,000個の遺伝子のCG配列のメチル化の状態が比較された．PTSDの人々において，いくつかの遺伝子のメチル化が低いという結果であった．つまり，これらの遺伝子の転写が促進されている可能性が示唆された．今後の研究が必要であるが，PTSDの患者のエピゲノムに，何か変化が起こっているかもしれないというのである．

　2011年3月11日に発生した東日本大震災において，地震と津波による災害，東京電力福島第一原子力発電所の放射能漏れ事故によって，東北から関東にかけて甚大な被害があった．様々な心の傷を抱えている大勢の方々がいるのが現実であろう．今まさに，社会全体でサポートすべき大切な時期なのである．

この章では，ストレスに対する脳の働き方について述べてきた．ストレスは，脳の神経細胞のエピゲノムを変化させることで，記憶されるのではないか．言わば，「ストレスのメモリー説」と言ってよいのかもしれない．ストレスを科学的に理解することは，うまくコントロールする術を与えてくれそうだ．

Column

氏より育ち

　＜エピジェネティック＞という言葉は，発生の生物学の分野から起こってきたと述べた．その一方，教育学の分野でも，学習と発達を論じる時に使われるようだ．生まれた後に学習によって発達するという，教育学の理論につながるからだ．

　"氏か育ちか"，"氏より育ち"といわれることがある．エピジェネティック（後成的）は，生まれつきの"氏"ではなく，その後の"育ち"の方を意味している．生まれた後の育ち方で，その人となりが決まってくるということだ．"氏"は変えられなくとも，"育ち"は変えることができる．色々な刺激を受けながら，私たちの社会の中で人々が育っていく．つまり，全ての人が＜エピジェネティック＞に運命づけられていく．

　このような考え方は，「自助論」（サミュエル・スマイルズ／著，竹内 均／訳，三笠書房）にそえられた「天は自ら助くる者を助く」につながりそうだ．つまり，天は自ら努力する人を助ける，そして，天は自ら努力しない人は助けない，ということである．

8 診断と治療につなぐ

全遺伝子を丸ごと調べるテクノロジー

　エピゲノムのテクノロジーが進歩すれば，病気の診断や治療にどのように役に立つのだろうか．最後に考えてみたい．学問が進めば，新しい技術ができる．新しい技術ができれば，学問はもっと進むのである．

　思い起こせば，2000年頃までは，私たち研究者が興味のある遺伝子を調べる場合，数十種類が限度であった．全遺伝子の発現がどうなっているかと問われることは，ほとんどなかった．遺伝子の全体を調べるという，膨大な解析を行うだけの技術がなく，現実的に難しかったからである．ところが，テクノロジーが進歩して，全遺伝子，全ゲノムを調べることができるようになった．今や，全遺伝子の網羅的な研究が，

国際的にスタンダードになってきたのだ.

　この技術革新は，2章で述べたヒトゲノムプロジェクトの大きな成果の1つである．ヒトゲノムの塩基配列が決定されたという直接の成果に加えて，同時に，塩基配列を調べる技術が目覚ましく進歩したのである．その新しいテクノロジーには，「マイクロアレイ法（DNAチップ）」と「高速シークエンス法」がある．歴史的には，シークエンス法を用いてヒトゲノム配列が解読されて，その後にマイクロアレイ法が開発された．そして，多検体を同時解析するマイクロアレイ法の原理が，高速シークエンス法の技術を発展させた．ヒトゲノムプロジェクト時代の従来のシークエンス技術は，今から思えば，その容量や効率がきわめて低かった[※1]．これを第一世代とすれば，現在の高速シークエンス法は第二世代，それどころか革命とよべるほどに進歩したのである．しかもこの技術革新への期待感は，さらに拡大中なのである．

マイクロアレイ法（DNAチップ）

　マイクロアレイ法とは何であろうか．DNAチップの名前でも知られるように，数万〜数十万に仕切られたガラスやシリコンの基板の上に，短いDNA断片を高密度に配列した装置である（図8-1）．これを使って，ヒトゲノム上の全遺伝子の発

※1 当時，ヒトの全ゲノムを調べるには10年近くの時間と，30億ドルもの費用がかかった．それが今や数日，1,000ドルの時代が到来しつつある．

現を一度に調べることが可能になった．例えば，ヒトの約2万5,000個の遺伝子配列に対して，それぞれ1部分のDNA断片が1枚の基板上の仕切り1つ1つに固定されている．このDNA断片を"プローブ"とよぶ[※2]．プローブは，化学的に合

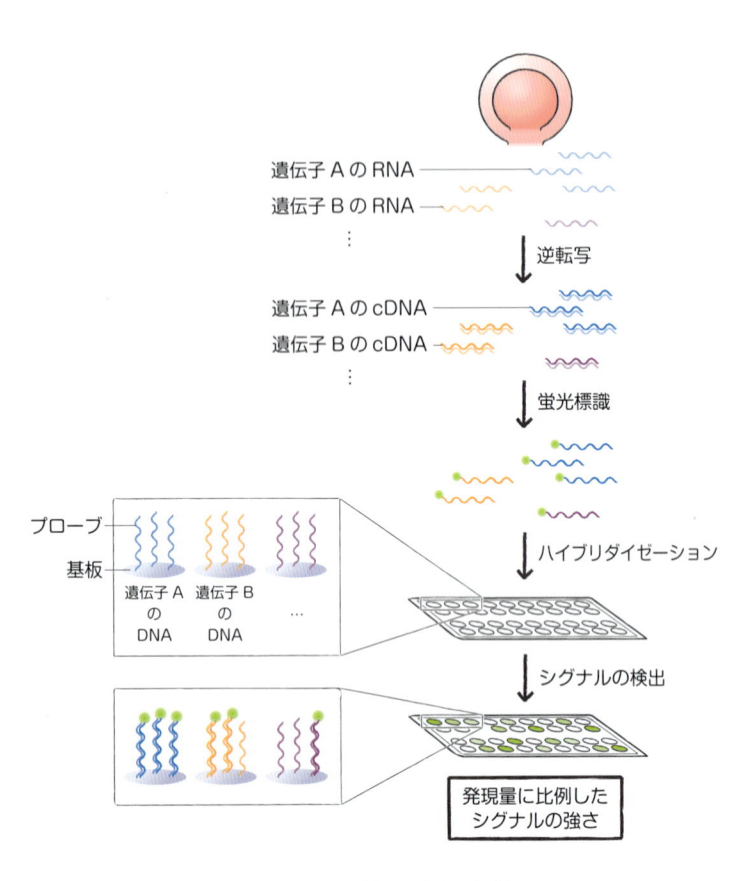

図8−1 ●マイクロアレイ法による遺伝子発現の解析

成した1本鎖DNAである．今や，配列さえわかればDNAは化学的に合成できるので，ヒトだけでなく，マウス，チンパンジーなどの動物，植物，微生物まで，どんな生物種にも理論的に応用可能である．

使い方はシンプルであり，遺伝子の発現を調べるには，そのRNAの量がわかればよい．まず，ヒトの細胞や組織から調製したRNAを用いて，逆転写酵素（RNAからDNAをつくる）で"相補的[※3]なDNA（cDNAとよぶ）"を合成する．RNAと同じ量のcDNAができたことになる．このcDNAを蛍光色素で標識して，マイクロアレイ上のプローブにくっつけるのである．この操作を"ハイブリダイゼーション"とよぶ．1本鎖DNAプローブと標識した1本鎖cDNAが結合すると，マイクロアレイ上に蛍光が検出できる．遺伝子の発現量に比例して，その遺伝子に対するプローブの部位で蛍光が発せられるわけである．こうして，細胞内での全遺伝子の発現情報を検出することが可能になった．

もう1つ別の使い方として，全ゲノムDNAの部分的な増減を調べることに用いられている．例えば，正常細胞とがん細胞におけるゲノムや遺伝子配列の比較である．この原理は，ヒトゲノム配列から選んだ100塩基程度（遺伝子とは限らな

[※2] 実際には，1枚のDNAチップの上に，各々の遺伝子に対して2～3個の異なった断片がプローブとして固定されている．ハイブリダイゼーションは多少なりとも実験上のムラが生じるので，複数のプローブで補正するためである．また，実験がうまくいったかを判断するため，全ての細胞で発現する遺伝子，ヒトのゲノムには存在しない配列などが配置されている．いわゆる，陽性と陰性の対照である．

[※3] 相補的とは，2本鎖DNAのように，元のRNAと合成されたDNAがぴったりと結合する関係をいう．前述のように，AとT（RNAの場合はU）の間，GとCの間で水素結合して，2本鎖を形成する性質をもつからである．

い）のプローブをずらりと整列したDNAチップを用いて，今度は，細胞から調製したゲノムDNA断片を蛍光色素で標識して，ハイブリダイゼーションするのである．そうすると，各ゲノム領域のDNAの量に応じて，蛍光のシグナルが生じる（図8-2）．つまり，がん細胞で増えたゲノム領域のシグナルは強く，逆に，減ったゲノム領域のシグナルは弱くなることから，その領域が何倍増えた，何倍減ったと判定ができる．このように，マイクロアレイ法は，RNAやDNAの量，そして質の違いを調べることができるのだ．

マイクロアレイ法では，検出用のプローブを準備するために，調べる対象の塩基配列があらかじめわかっていなければ

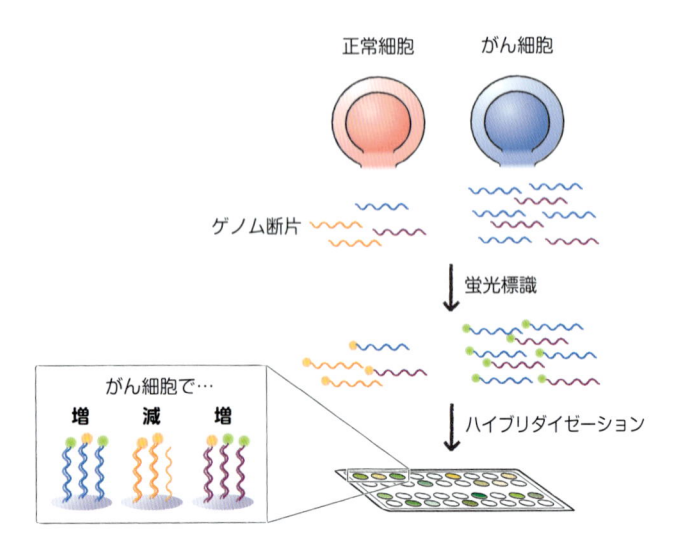

図8-2 ●マイクロアレイ法によるゲノムDNA増減の解析

ならない．だが塩基配列の情報さえあれば，時間も労力もコストも少なく，有効な解析方法である．実験の手技や得られたデータの分析法もほぼ完成されている．実際にヒトのがん組織を用いた研究では，増減したゲノム部分から，がん遺伝子やがん抑制遺伝子が新たに発見されてきた．その欠点をあげるとすれば，まず，エピゲノムの状態を知るのは困難なことだ．また塩基配列のわからない，未知なる対象については，解析できないことである．これができるのは，次に述べるシークエンス法なのである．

高速シークエンサー

冒頭でも述べたが，DNAの塩基配列を決定する機器（シークエンサー）の性能が，本当に向上してきた．これが，「高速シークエンサー」あるいは「次世代シークエンサー」とよばれるものだ．欧米を中心に開発が進められたことから，わが国はその機器を輸入して使うという，もっぱらユーザー側の立場である．機器と試薬のコストは以前よりも下がってはきたが，まだまだ高額である．日本の技術・開発力を活かせば，国産でリードできる点はきっとあるはずであるが．今後しばらくは，研究者や企業にとって，高速シーケンサーに関するグローバルな研究・開発競争という緊張した状態が続いていくことであろう．

さて，次世代シークエンサーとはどういうものか．第一世

代といえる従来型シークエンサーと何が違うのだろうか．それは，塩基配列を決定する方法や原理が，根本的に異なっているのである．従来のシークエンサーでは，"サンガー法"という原理が用いられていた．ウォルター・ギルバートとフレデリック・サンガーの両博士氏が開発したもので，その功績は1980年のノーベル化学賞を受けたものである．サンガー法とは，ジデオキシヌクレオチド[※4]という特別に修飾された塩基を用いて，DNAポリメラーゼ（DNA合成酵素）の伸長を止める方法である．平たく言えば，対象の1本鎖DNAから2本鎖を合成する時に，ジデオキシヌクレオチドが入ることで，DNA合成が1塩基ごとに停止することによって，どの塩基かを調べるものである．例えば，ジデオキシアデニンで反応が停止すると，その塩基は対をなすチミンといった感じである．

これに対して，次世代シークエンサー（**図8-3**）では，その原理が全く違っている．しかも，開発した企業・大学によって，原理が統一していないということは，将来に向けて進歩の途上にあると考えてよい．例えば，DNAポリメラーゼによるDNA合成のステップを蛍光や発光などで検出することによって，塩基配列を決定する技術が使われている．また，DNA合成反応や1分子のDNAから発せられるイオン，温度，電流などを検知する技術も実用化された．いずれも，性能の向上やコストダウンが図られてきたところだ．

共通にいえることは，従来のシークエンサーでは，反応し

※4 ジデオキシアデニン，ジデオキシチミン，ジデオキシグアニン，ジデオキシシトシンのいずれか．

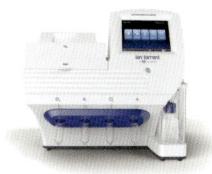

第 8 章　診断と治療につなぐ

Ion PGM™ Sequencer　　Ion Proton™ Sequencer

MiSeq® システム　　NextSeq™ 500 システム　　HiSeq® 2500 システム

図 8-3 ● 高速シークエンサーの一例
上2パネル：Copyright © 2014 Life Technologies Corporation. Used under permission.
下3パネル：Copyright © 2014 Illumina, Inc. Used under permission.

たDNAをゲルの中で電気泳動する必要があったが，次世代シークエンサーでは，この電気泳動を用いない．その代わりに，マイクロアレイのような原理で，きわめて多数のサンプルを1回で調べることができるようになった．今では，1台の次世代シークエンサーは，従来型シークエンサーの1,000台分以上の能力をもつといわれている．

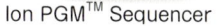

このように技術革新した次世代シークエンサーが，多くの生物種のゲノム解析，医療への応用を目指したパーソナルゲノム[※5]解析などに用いられるようになった．実際に，色々な

※5　一般に私たちひとりひとりのゲノム配列は少しずつ異なる．この個々人のゲノム，すなわちパーソナルゲノムの個性を理解していこうというのが，現在の流れである．

サンプルを用いて，ゲノムや遺伝子，RNA，そしてエピゲノム（後述）の網羅的な解読が，世界中の研究室で行われるようになったのだ．

　新しいテクノロジーができれば，従来ではわからなかった，新しい発見が生まれやすくなる．例えば，生まれつきの原因不明の病気について，その患者の全ゲノムを解読することで，原因遺伝子の候補が，次々に見つかってきた（**図8-4**）．病気の遺伝子がわかると，その診断や治療法を開発するうえで大きなヒントになる．さらには，幹細胞，正常な細胞，がん細胞などの膨大なゲノム配列データが蓄積するところである．あまりに膨大なデータが出てくるために，むしろ，研究者はその整理や分析に追われるという，不都合な面もあるほどだ．このように，大規模なバイオ情報をコンピューターで分析す

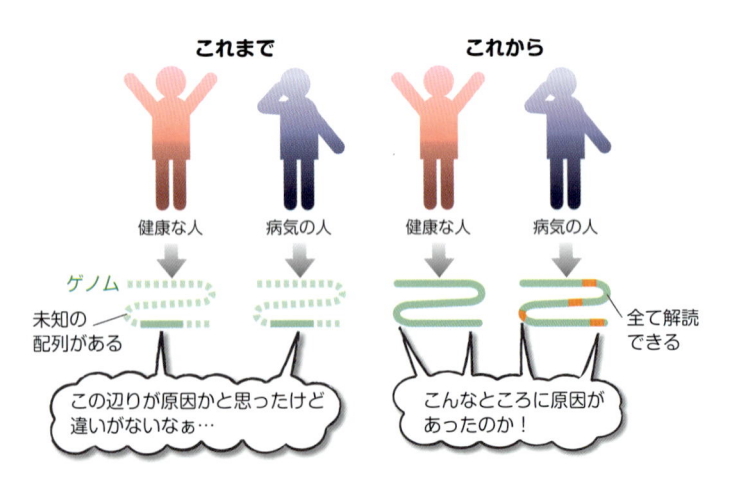

図8-4 ●パーソナルゲノムの解析と新しい発見

る分野を「バイオインフォマティクス（生命情報学）」とよぶ．生命科学，数理学，工学などが融合する分野である．バイオ情報を活用する機会は確実に増大しているので，その存在感と重要さが強まってきたところだ．

＜エピジェネティック＞な診断法

2章で述べたように，エピゲノムは，DNAのメチル化，ヒストンの修飾によって特徴づけられることがわかってきた．技術的にも，細胞や組織のエピゲノムの状態を詳細に調べることができるようになった．とりわけ，DNAのメチル化のパターンは，どのような方法で調べられるのだろうか．

遺伝子のプロモーター領域がメチル化されると，その遺伝子の発現は抑制されると述べた．このDNAのメチル化は，発生の異常，がん，代謝や神経の病気にも深くかかわることから，エピゲノムの修飾として診断価値の高いものである．ところが，DNAをそのまま調べても，シトシンのメチル化の有無を知ることはできない．高速シークエンサーは確かに進歩してきたが，シトシンとメチル化シトシンを区別することは容易ではないのである．DNAのメチル化を調べるには，1つだけコツがあるのだ．

今から40年ほど前に，早津彦哉博士（現 岡山大学名誉教授）が，重亜硫酸（英語では"バイサルファイト"）とシト

シンの化学反応について発表した．現在，この原理を用いて，世界中でDNAのメチル化の解析が行われているのだ．その反応とは，ゲノムDNAをバイサルファイトで処理すると，メチル化されていないシトシンは，ウラシルに変換されるというものだ（**図8-5**）．ところが，シトシンがメチル化されている場合は，バイサルファイトによる反応から保護されて，塩基の変換が起こり難い．このことを利用して，バイサルファイトで処理したゲノムDNAの配列をシークエンサーなどで解読するのである．元のゲノムDNAと比較することで，シトシンがメチル化されているかどうかを1塩基ごとに判定することができる．つまり，ウラシル（DNAを増幅するとチミンにな

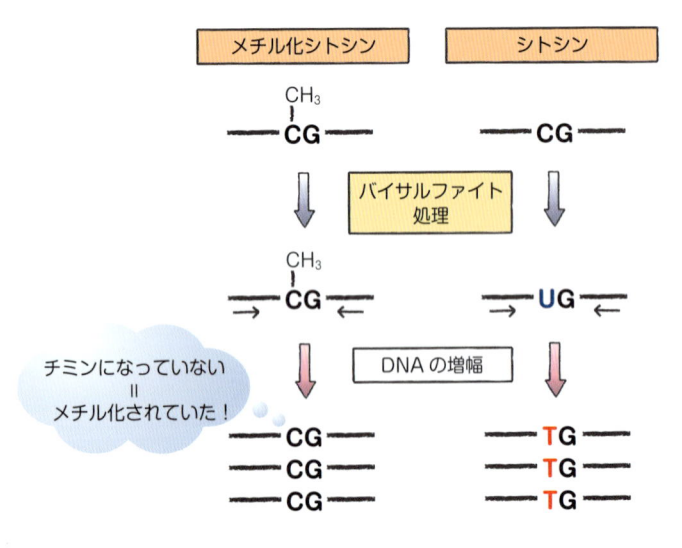

図8-5 ● DNAメチル化の検出

る）に変換されなかったシトシンが，メチル化シトシンとして同定できるのである．こうして，DNAのメチル化をシークエンサーで調べることができるようになった．

例えばがん細胞では，がん抑制遺伝子のプロモーター領域が高くメチル化されて，不活性化されることが知られている．このようなメチル化は，正常の細胞には認められない．そうすると，がん抑制遺伝子のプロモーター領域のメチル化を調べることで，がん細胞の存在がわかるという理屈である．このメチル化が認められれば，がんである可能性が高いと診断できるのだ．少量の細胞や組織から，バイサルファイト法，遺伝子増幅（PCR）法，シークエンス法を組合わせて，DNAのメチル化を高感度に検出できる．こうなると，きわめて信頼性の高いがん診断法になるのである．

＜エピジェネティック＞な治療薬

ヒトの病気でエピゲノムの異常があるならば，エピゲノムに作用する薬剤が治療に使えないか．異常なエピゲノムを修復できないか．近年，このような＜エピジェネティック＞な治療薬が，特定のがんに対して使われるようになってきた．それには，「DNAメチル化酵素（DNMT）阻害剤」と「ヒストン脱アセチル化酵素（HDAC）阻害剤」があり，欧米を中心に実用化されてきた（**図8-6**）．

DNMT阻害剤は，DNAメチル化酵素の働きを抑制して，DNAのメチル化の低下を起こすものである．その結果として，メチル化で不活性化されたがん抑制遺伝子の発現が再活性化することが認められている．米国の食品医薬品局（FDA）は，DNMT阻害剤の最初の適応症として，"骨髄異形成症候群（白血病の病型の1つ）"を承認した．これは，骨髄の中の造血幹細胞に異常が起こって，血液が正常につくられない病気である．その多くは高齢者で，貧血や出血傾向，感染症にかかりやすいなどの症状が現れる．症状が重症な場合や他の治療法が使えない場合に，この薬剤が適応されることがあるのだ．

　もう1つのHDAC阻害剤は，ヒストン脱アセチル化酵素の活性を阻害するため，ヒストンのアセチル化を増やす働きがある．ヒストンのアセチル化は，遺伝子をONにする働きの

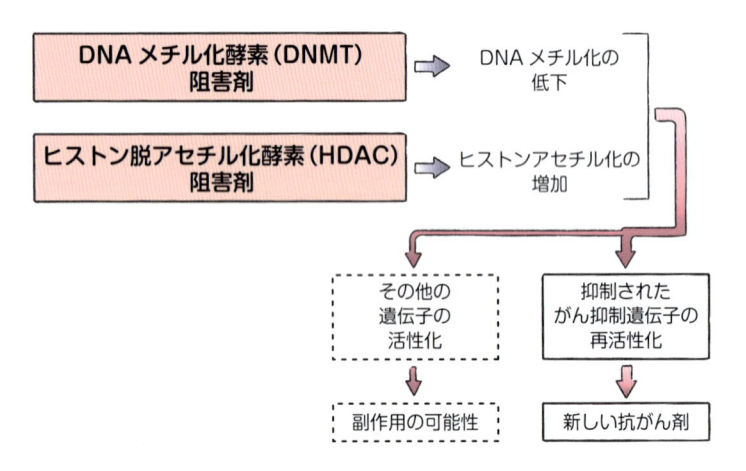

図8-6 ●がんのエピジェネティック治療

あるエピゲノム修飾である．HDAC阻害剤としては，最初に，天然化合物である「トリコスタチン」や「酪酸」が同定された．トリコスタチンは放線菌（糸状に増える，カビに似た細菌）から分離されて，他方，酪酸はバターからとられたものである．さらにこれらの性質をもとにして，HDACの酵素活性を抑制する，新たな化合物が次々にわかってきたところだ．米国では，"皮膚T細胞リンパ腫"がその適応とされている．こちらも，治りにくい皮膚の腫瘍，臓器への浸潤，感染症などがみられる重篤な病気である．この薬剤を用いると，ヒストンのアセチル化が増加して，がん抑制遺伝子などの発現を活性化する方向に働くのである．

　エピゲノムの作用薬剤は，新しいタイプの治療薬として注目されている．しかしながら，エピゲノム全体に作用し，多くの遺伝子に影響を与えてしまうという欠点もあるのだ．1990年前後には，他に治療選択のない末期がん患者にDNMT阻害剤を用いるという臨床試験が，欧米でなされたという．当時は投与量が多く，副作用がきわめて大きかったために，そのかなりのケースでは中断されたといわれている．

　そこで近年，エピゲノムの作用薬剤の投与方法についても工夫が重ねられてきた．現在のところ，DNMT阻害剤やHDAC阻害剤を少ない量で使用することで，その副作用を抑えながら，他の抗がん剤と併用するのが有効であることがわかってきた．例えば，白血病細胞などの分化を誘導する効果，他の抗がん剤の作用を増強する効果が明らかになって，臨床への応用に近づいてきたところである．

＜エピジェネティック＞治療の可能性

　ここまで述べてきた抗がん剤以外にも，エピゲノムに作用する薬剤は，将来の治療法としての可能性があるのだろうか．動物モデルを用いて，そのポテンシャルが検討されている．

　最初は，HDAC阻害剤を用いた神経損傷の修復の例である．「バルプロ酸」は，てんかんの治療薬として臨床で広く使用される薬剤として知られている．HDAC阻害活性をもっていて，先に述べたトリコスタチンよりも細胞毒性が低い．そして以前より，神経幹細胞からニューロン（神経細胞）への分化を促進することもわかっていた．中島欽一教授（現・九州大学）の研究グループは，脊髄を損傷し後肢を引きずるモデルマウスを用いた実験を行った（図8-7）．脊髄の損傷部位に，別のマウスに由来する神経幹細胞を移植すると，それだけではマウスの様子はあまり変わらない．しかし同時にバルプロ酸を注射すると，新しいニューロンが再生されて，損傷した脊髄が効率よく修復されたのである．その結果，この治療を受けたマウスは，走り回れるまでに回復したのだ．このように，神経幹細胞の移植とバルプロ酸の併用によって，脊髄損傷が治療できるという，新たな可能性が示されたのである．

　もう1つは，私たちのグループが行った，高脂肪食を投与した肥満マウスの治療の例である（図8-8）．ヒストン脱メチ

ル化酵素LSD1の阻害剤（トラニルシプロミン）を投与すると，食事由来の蓄積した脂肪が燃焼して，肥満の病態が著しく改善した（**6章**も参照）．このように，LSD1阻害剤は，肥満や代謝機能が低下した病気などで，その治療効果が見込まれることがわかったのだ．いわゆる，代謝向上薬として期待できるのである．

また，NAD依存性の脱アセチル化酵素であるサーチュインについては，エネルギー代謝を活性化する役割をもっていることも**6章**で述べた．このサーチュインの活性化剤として，赤ワインやブドウ，林檎の皮，コーヒーなど，食品中のポリフェノールやレスベラトロールが注目されているのだ．抗加

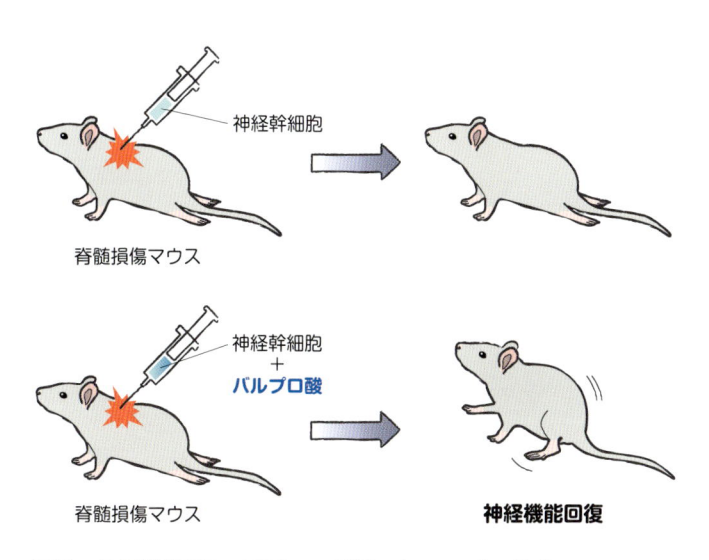

図8－7●脊髄損傷マウスの＜エピジェネティック＞治療

齢効果などについて議論は収束していないが，今後の研究の進展を期待したいところである．

　エピゲノムの作用薬には，どのような特色があるのだろうか．他の薬剤とは何が違うのだろうか．その大きな特色は，特定の遺伝子や分子を標的とするのではなく，広範な遺伝子効果を与えることである．そのため，標的としたい遺伝子や分子を選べないというのは，事実である．ところが，この性質は，ヒトの病気を考えてみると，有利に働く可能性があるのだ．生活習慣病，がん，老化による病気の原因や病状には，

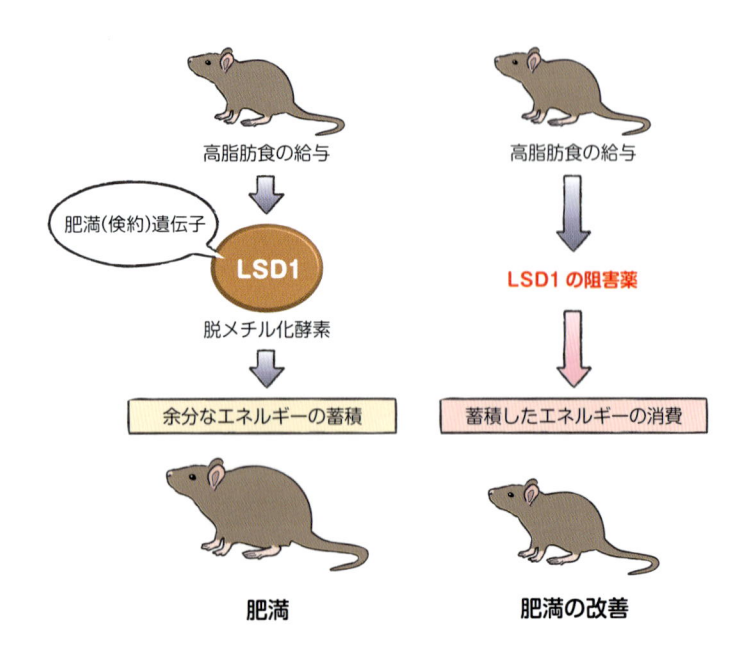

図8−8●LSD1阻害による肥満の改善

個人差が大きい．同じ病名であっても，ひとりひとりの状態は異なっている．患者ごとに，質的に異なった要素をもっているのだ．このように，個人差や病状の違いがあるということは，単一の分子を標的にする薬剤よりも，広い範囲の遺伝子や分子に作用する薬剤が適している可能性があるからだ（図8-9）．

つまり＜エピジェネティック＞な治療は，広範な遺伝子効果をもっているため，今までになかった治療効果を与えることが期待できるかもしれない．この意味では，現代の生命科学が見出した"細胞のバランス薬"といえるのではないか．しかも，ゲノムや遺伝子の印づけが修正されると，治療後の長い期間に効果が持続することが期待できるであろう．

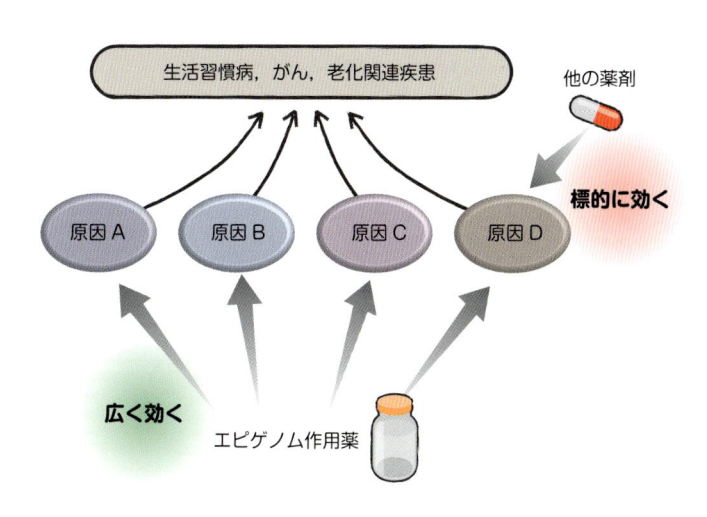

図8－9●＜エピジェネティック＞治療の可能性

色々と夢は膨らむが，エピゲノムの作用薬の機序と効果を正確に論じることができるように，科学的なエビデンスを着実に蓄積していくのが欠かせないことである．

　最後に，私たちは，ここで述べてきた新しいテクノロジーをどう理解して，どのように使ったらよいのか．本書からの提案は，以下のようである．
・エピゲノムを調べて病気の診断やリスク評価に役立てよう
・エピゲノムの変化なら生活習慣（食事や運動）や飲み薬で治そう，予防しよう
そして，私たちの「生命のプログラム」の秘密を明らかにしてゆこう．

Column

次世代の研究を拓く

　アレイ技術や高速シークエンスという先端技術が進歩して，遺伝子やエピゲノムに関する生命情報が蓄積しつつある．今まさに，私たちの生命と病気の解明について本格的にチャレンジできる時が来ている．つまり，研究そのものが，最も面白く，まさに旬のところにある．若い学生や研究者が自由な発想と気概をもって取り組まれることを期待したい．

　ある公開講座において，「どうしたら，やりたいことが見つかるのか」と，ひとりの高校生が研究者側に尋ねた．自分探しの途中にある学生の多くがもっている疑問であろう．年配の研究者が先輩から聞いたとして，次のように話された．「本気でやれば，好きになる．本気でやれば，できることがある．そうして，本気でやっていると，助けてくれる人が現れる」．

　きっかけは何であろうと，好奇心をもったことに専念していたら，ひとりの研究者になっていたという感じだ．私たちが生きる現代は先の見えにくいものであるが，起こってもいないことを先回りして心配して，挑戦しないことは避けたい．むしろ，「何とかなる」の精神で当たってみることで，将来への活路が拓けてくる．

あとがき

　本書では，私たちの「生命のプログラム」について，"エピジェネティクス"という研究の最前線をお話ししてきた．新しい分野で日進月歩の途中ではあるが，生命と病気の本質にかかわることから，その全体像の理解に迫りたいと思ったからである．ヒトがヒトであるためには，このプログラムは，安定に"維持"されなければならない．その一方で，生活環境に応答して，柔軟に"変化"する必要もある．しかも，プログラムに異常が起これば，病気の発症につながる可能性もあるのだ．このように，「生命のプログラム」とは，維持と変化が表裏一体になったものである．あたかも流れる水が澄んでいるように，変化することで安定に維持されているようだ．

　やや脇道にそれるが，生命体は，基本的に「種の保存」という方向性をもっている．もっていると意識に上らないほどに，本能に近いものである．地球上に現存する生物は，子孫を増やすことで，繁栄してきた．これができなくなると，その種は消滅していく．

　私たちの日頃のおしゃれ，美容，ヘアースタイル，ファッションなど，自分の見た目やその魅力を追求する背景には，種の保存が働いているとみてよい．ヒトはその知能が高く，趣味や趣向，美的感覚，仕事柄，年齢など装飾する要素は多いが，その根本の幾分かには，種の保存がかかわるであろう．

　植物・昆虫から魚類・鳥類，そして哺乳類に至るまで，ほぼ例外なく，雌も雄も相手を惹きつけるように進化してきた．

鮮やかな色，奇抜な形，行動パターン，鳴き声，匂いなど，様々な手段を使ってアピールするのだ．生命体にとって，然るべく優先度が高いのは，種の保存，すなわち，子孫を残すという生殖にあるからである．このため，生活環境の変化に応じて，もっとも急速に変化を遂げるのが，生物の外観と生殖に関するものといわれている．

　生物種は，環境因子に適応するために，ゲノムの印づけを変えることで，＜エピジェネティック＞に変わるのではないか．こう考えると，私たちは，新しい生活環境，脳にインプットされた情報などに応じて，自分自身，そして次の世代を質的に変化させる可能性があるのかもしれない．例えば，親の脳が希望する形質を，自分の子のゲノムに刷り込む．そして，子世代もその方向に適応していく，ということだ．これに要する時間は，案外，長いようで，短いのかもしれない．本書のまえがきで，子世代，父母世代，祖父母世代で，現代人は変わってきたのかと問いかけた．「生命のプログラム」が変化したならば，日本人の体格は変わるであろう．しかも，その変化は，世代を超えて引き継がれるであろう．確かな回答を導き出すには，もうしばらくの時間と研究が必要のようである．

　本書をまとめるうえで，羊土社の間馬彬大氏に貴重なアドバイスをいただきました．心から感謝の意を表します．また，植田奈穂子氏，波羅仁氏，川治豊成氏，熊本大学発生医学研究所の細胞医学分野の各位から多くの意見を受けましたことに深謝いたします．

中尾光善

参考図書・文献

　本書の内容に関して詳細に興味をもたれた方は，以下の書籍，論文もおたずねください．

入門書

- 「エピジェネティクス　操られる遺伝子」（リチャード・C・フランシス／著，野中香方子／訳），ダイヤモンド社，2011

入門～専門書

- 「エピジェネティクス入門―三毛猫の模様はどう決まるのか」（佐々木裕之／著），岩波書店，2005
- 「DNAを操る分子たち―エピジェネティクスという不思議な世界」（武村政春／著），技術評論社，2012
- 「エピゲノムと生命」（太田邦史／著），講談社，2013

専門書

- 「エピジェネティクス」（デイビッド・C・アリス，トーマス・ジェニュワイン，デニー・ラインバーグ／編，堀越正美／監訳），培風館，2010
- 「世代を超えて伝わる　代謝エピジェネティクス（実験医学）」（中尾光善／企画），羊土社，2011
- 「遺伝情報の発現制御―転写機構からエピジェネティクスまで」（デイビッド・S・ラッチマン／著，五十嵐和彦，深水昭吉，山本雅之／監訳），メディカル・サイエンス・インターナショナル，2012
- 「エピジェネティクスキーワード事典」（牛島俊和，眞貝洋一／編），羊土社，2013
- 「エピジェネティクスと病気（遺伝子医学MOOK）」（佐々木裕之，中尾光善，中島欽一／編），メディカル・ドゥ，2013

学術論文

第1章　遺伝子がすべてか

- Fraga MF, et al：*Epigenetic differences arise during the lifetime of monozygotic twins*. Proc Natl Acad Sci USA, 102：10604-10609, 2005
- Poulsen P & Fraga MF：*The epigenetic basis of twin discordance in age-related diseases*. Pediatr Res, 61：38R-42R, 2007

- Sobue G, et al：*Phenotypic heterogeneity of an adult form of adrenoleukodystrophy in monozygotic twins*. Ann Neurol, 36: 912-915, 1994
- Korenke GC, et al：*Cerebral adrenoleukodystrophy in only one of monozygotic twins with an identical ALD genotype*. Ann Neurol, 40：254-257, 1996
- Slack JMW：*Conrad Hal Waddington: the last Renaissance biologist?* Nat Rev Genet, 3：889-895, 2002
- Ladewig J, et al：*Leveling Waddington: the emergence of direct programming and the loss of cell fate hierarchies*. Nat Rev Mol Cell Biol, 14：225-236, 2013

第2章 遺伝子とゲノムの印づけ

- Wolffe AP & Matzke MA：*Epigenetics: regulation through repression*. Science, 286, 481-486：1999
- Bird AP & Wolffe AP：*Methylation-Induced Repression-Belts, Braces, and Chromatin*. Cell, 99：451-454, 1999
- Jenuwein T & Allis CD：*Translating the histone code*. Science, 293：1074-1080, 2001
- Fournier A, et al：*The role of methyl-binding proteins in chromatin organization and epigenome maintenance*. Brief Funct Genomics, 11：251-264, 2012
- Rivera CM & Ren B：*Mapping human epigenomes*. Cell, 155：39-55, 2013

第3章 生まれつきの病気はどう起こるか

- Horsthemke B & Wagstaff J：*Mechanisms of imprinting of the Prader-Willi/Angelman region*. Am J Med Genet, 146A：2041-2052, 2008
- Nicholls RD & Knepper JL：*Genome organization, function, and imprinting in Prader-Willi and Angelman syndromes*. Annu Rev Genomics Hum Genet, 2：153-175, 2001
- Buiting K：*Prader-Willi syndrome and Angelman syndrome*. Am J Med Genet C Semin Med Genet, 154C：365-376, 2010
- Jiang Y, et al：*Imprinting in Angelman and Prader-Willi syndromes*. Curr Opin Genet Dev, 8：334-342, 1998
- Amir RE, et al：*Rett syndrome: methyl-CpG-binding protein 2 mutations and phenotype-genotype correlations*. Am J Med Genet, 97：147-152, 2000

- Shahbazian MD, et al：*Molecular genetics of Rett syndrome and clinical spectrum of MECP2 mutations*. Curr Opin Neurol, 14：171-176, 2001

第4章　万能細胞と臓器をつくる

- Gurdon JB & Wilmut I：*Nuclear transfer to eggs and oocytes*. Cold Spring Harb Perspect Biol, 2011; 3：a002659
- Takahashi K & Yamanaka S：*Induction of pluripotent stem cells from mouse embryonic and adult fibroblast cultures by defined factors*. Cell, 126：663-676, 2006
- Takahashi K, et al：*Induction of pluripotent stem cells from adult human fibroblasts by defined factors*. Cell, 131：861-872, 2007
- Sánchez Alvarado A & Yamanaka S：*Rethinking Differentiation: Stem Cells, Regeneration, and Plasticity*. Cell, 157：110-119, 2014

第5章　がんというプログラムの異常

- Baylin SB & Jones PA：*A decade of exploring the cancer epigenome - biological and translational implications*. Nat Rev Cancer, 11：726-734, 2011
- Marusyk A：*Intra-tumour heterogeneity: a looking glass for cancer?* Nat Rev Cancer, 12：323-334, 2012
- Pardal R, et al：*Applying the principles of stem-cell biology to cancer*. Nat Rev Cancer, 3：895-902, 2003
- Beck B & Blanpain C：*Unravelling cancer stem cell potential*. Nat Rev Cancer, 13：727-738, 2013
- Plass C, et al：*Mutations in regulators of the epigenome and their connections to global chromatin patterns in cancer*. Nat Rev Genet, 14：765-780, 2013

第6章　食事はメモリーされる

- Wolff GL, et al：*Maternal epigenetics and methyl supplements affect agouti gene expression in Avy/a mice*. FASEB J, 12：949-957, 1998
- Wolff GL：*Regulation of yellow pigment formation in mice: a historical perspective*. Pigment Cell Res, 161：2-15, 2003
- Hales CN & Barker DJP：*The thrifty phenotype hypothesis*. Brit Med Bull, 60：5-20, 2001
- Barker DJP：*The origins of the developmental origins theory*. J Intern Med, 261：412-417, 2007

- Skinner MK：*Father's nutritional legacy*. Science, 467：922-923, 2010
- Carone BR, et al：*Paternally induced transgenerational environmental reprogramming of metabolic gene expression in mammals*. Cell, 143：1084-1096, 2010
- Koonin EV, et al：*Is evolution Darwinian or/and Lamarckian?* Biol Direct, 4：42, 2009
- Handel AE, et al：*Is Lamarckian evolution relevant to medicine?* BMC Med Genet, 11：73, 2010

第7章 ストレスと脳の働き方

- Thomassin H & Grange T：*Glucocorticoid-induced DNA demethylation and gene memory during development*. EMBO J, 20：1974-1983, 2001
- Harris A, et al：*Glucocorticoid, prenatal stress and the programming of disease*. Horm Behav, 59: 279-289：2011
- Whitelaw NC, et al：*Transgenerational epigenetic inheritance in health and disease*. Curr Opin Genet Develop, 18：273-279, 2008
- Meaney MJ, et al：*Epigenetic mechanisms of perinatal programming of hypothalamic-pituitary-adrenal function and health*. Trend Mol Med, 13：269-277, 2007
- Weaver ICG, et al：*Epigenetic programming by maternal behavior*. Nat Neurosci, 7：847-854, 2004

第8章 診断と治療につなぐ

- Mair B, et al：*Exploiting epigenetic vulnerabilities for cancer therapeutics. Trends Pharmacol*. Sci, 35：136-145, 2014
- Helin K & Dhanak D：*Chromatin proteins and modifications as drug targets*. Nature, 502：480-488, 2013
- Abematsu M, et al：*Neurons derived from transplanted neural stem cells restore disrupted neuronal circuitry in a mouse model of spinal cord injury*. J Clin Invest, 120：3255-3266, 2010
- Hino S, et al：*FAD-dependent lysine demethylase LSD1 regulates cellular energy expenditure*. Nat Commun, 3：758, 2012

索引

数字

2万5,000遺伝子 ... 39
60億塩基対 ... 39
60兆細胞 ... 22

欧文

ABCトランスポーター ... 133
ALD ... 15
AS ... 74
ATP ... 151
CG配列 ... 53
DNA ... 29
DNAチップ ... 187
DNAメチル化 ... 52
DNAメチル化異常 ... 138
DNAメチル化酵素阻害剤 ... 197
DNMT阻害剤 ... 197
ES細胞 ... 93
FAD ... 156
GR ... 178, 180
HDAC阻害剤 ... 197
IGF2 ... 67
iPS細胞 ... 93
LSD1 ... 156
MBD1 ... 58
mC ... 51
MECP2 ... 57, 83
NAD ... 154
p53 ... 125
PGC-1α ... 154
PTSD ... 183
PWS ... 74
RNA ... 41
RNA合成酵素 ... 46
RTT ... 81
Sir2 ... 155
Sirt1 ... 153
S-アデノシルメチオニン ... 151
TAT ... 178
XIC ... 80
XIST ... 80
X染色体不活性化 ... 79

和文

あ

愛情 ... 180
アグーチマウス ... 159
アジソン病 ... 176
アセチルCoA ... 151
アセチル化 ... 150
アセチル化酵素 ... 151
アドレナリン ... 174
アポトーシス ... 25
アンジェルマン症候群 ... 74
一卵性双生児 ... 11
遺伝 ... 17
遺伝因子 ... 32
遺伝子 ... 17, 44
遺伝子治療 ... 138
遺伝子の傷 ... 121
インスレーター ... 47
イントロン ... 45
インプリンティング遺伝子 ... 68
ウイルス性発がん ... 118
栄養 ... 148
疫学調査 ... 164
エキソン ... 45
エピゲノム作用薬 ... 202
エピジェネティクス ... 31
<エピジェネティック>診断法 ... 195
<エピジェネティック>治療 ... 200
<エピジェネティック>治療薬 ... 197
エピジェネティック・ランドスケープ ... 32
エンハンサー ... 47
オランダ飢饉 ... 161

か

外傷後ストレス障害 ... 183
外胚葉 ... 28
化学発がん ... 117

核異型	140	雌性発生	71
学習	171	次世代シークエンサー	191
がん	112, 135	重亜硫酸	195
がん遺伝子	120	腫瘍ウイルス	117
がんウイルス	117	常染色体	19
がん幹細胞	130	小児がん	126
環境因子	32	小児肥満	147
幹細胞	43	上皮間葉転換	136
間質細胞	104	初期化	88
間葉系幹細胞	102	初期胚	27
間葉上皮転換	136	職業がん	115
がん抑制遺伝子	120	食事	144
記憶	171	進化と適応	166
虐待	182	神経幹細胞	105
逆転写	42	神経損傷の修復	200
クッシング病	176	侵襲	173
組換え	19	浸潤	136
グルココルチコイド	175	ステロイド薬	177
グルココルチコイド受容体	178	ストレス	172
クローン動物	92	ストレスのメモリー説	184
クロマチン	62	ストレッサー	172
形質	18	スプライシング	44
形質転換	49	刷り込み	67
ゲノム	17	精子	18
ゲノムインプリンティング	66	生殖細胞	18
ゲノムの守護神	125	成人幹細胞	97
減数分裂	19	成人病の胎児期起源説	163
倹約遺伝子	158	性染色体	19
後成的遺伝学	32	生命情報学	195
高速シークエンサー	191	生命のプログラム	36
骨髄異形成症候群	198	染色体	17
		線虫	24
		全能性	12
		組織幹細胞	97

さ

サーチュイン	153
再生医療	106
再発	134
細胞の運命	32
細胞の家系図（系譜）	23
細胞のバランス薬	203
細胞のリプログラム	86
自己複製能	103

た

ダーウィン説	167
体細胞	18
体細胞核移植	90
代謝	145
代謝向上薬	201

代謝のプログラム	149	ヒストン脱アセチル化酵素阻害剤	197
代謝メモリー説	163	ヒトゲノム計画	38
ダイレクトリプログラム	107	皮膚T細胞リンパ腫	199
多段階発がん説	123	肥満	146
脱アセチル化酵素	152	肥満遺伝子	158
脱メチル化酵素	152	風疹	27
多能性	87	副腎白質ジストロフィー	15
タバコ	114	付箋のような法則	63
多分化能	87	プラダー・ウィリー症候群	74
単為発生	72	フラビン・アデニン・ジヌクレオチド	156
父方発現	68	プログラム・オブ・ライフ	36
中胚葉	28	プログラム細胞死	24
治療耐性	133	プロモーター	46
チロシンアミノ基転移酵素	178	分化	22
綱引き仮説	70	ヘリコバクター・ピロリ	118
低出生体重児	165	翻訳	40
テロメア	91		
転移	132, 136	**ま**	
転写	40	マイクロアレイ法	187
転写因子	46	メタボリズム	145
糖質コルチコイド	175	メチル化	150
糖尿病	147	メチル化DNA結合タンパク質	57
トラニルシプロミン	201	メチル化酵素	151
トランスジェネレーション	166	メチル化シトシン	51
ドリー	90	メッセンジャーRNA	45
トリコスタチン	199	メンデルの法則	31
		門番遺伝子	123
な・は			
内胚葉	28	**や・ら・わ**	
肉腫	135	山中4因子	94
バー小体	80	雄性発生	71
パーソナルゲノム	193	ライオンの仮説	79
バイオインフォマティクス	195	酪酸	199
胚細胞核移植	88	ラマルク説	167
バイサルファイト	195	卵	18
発生	22	リプログラム	34
発生のプログラム	26	臨界期	26
母方発現	68	リン酸化	150
バルプロ酸	200	レスベラトロール	156
ヒストン	62	レット症候群	81
ヒストン修飾	150		

著者プロフィール

中尾 光善（なかお みつよし）

　1959年福岡県生まれ．島根医科大学医学部卒業，久留米大学大学院医学研究科修了．医学博士．小児科医．米国ベイラー医科大学研究員を経て，現在，熊本大学発生医学研究所教授，同研究所長．日本学術会議連携会員，科学技術振興機構CREST研究代表者．私たちの健康と病気のプログラムを理解したい．エピジェネティクスに関する研究論文，共著書を多数発表．

驚異のエピジェネティクス
遺伝子がすべてではない!? 生命のプログラムの秘密

2014年6月1日　第1刷発行	著　者	中尾光善
	発行人	一戸裕子
	発行所	株式会社　羊　土　社
		〒101-0052　東京都千代田区神田小川町2-5-1
		TEL　03（5282）1211
		FAX　03（5282）1212
		E-mail　eigyo@yodosha.co.jp
		URL　http://www.yodosha.co.jp/
	カバー・表紙・扉デザイン	辻中浩一（ウフ）
ⓒ YODOSHA CO., LTD. 2014	カバー立体制作	内藤万起子（ウフ）
Printed in Japan	カバー写真撮影	辻中浩一（ウフ）
ISBN978-4-7581-2048-7	印刷所	株式会社　加藤文明社

本書に掲載する著作物の複製権，上映権，譲渡権，公衆送信権（送信可能化権を含む）は（株）羊土社が保有します．本書を無断で複製する行為（コピー，スキャン，デジタルデータ化など）は，著作権法上での限られた例外（「私的使用のための複製」など）を除き禁じられています．研究活動，診療を含み業務上使用する目的で上記の行為を行うことは大学，病院，企業などにおける内部的な利用であっても，私的使用には該当せず，違法です．また私的使用のためであっても，代行業者等の第三者に依頼して上記の行為を行うことは違法となります．

JCOPY ＜（社）出版者著作権管理機構　委託出版物＞
本書の無断複写は著作権法上での例外を除き禁じられています．複写される場合は，そのつど事前に，（社）出版者著作権管理機構（TEL 03-3513-6969，FAX 03-3513-6979，e-mail：info@jcopy.or.jp）の許諾を得てください．

遺伝子と健康・病気について深く知りたい方にオススメの書籍

進化医学
人への進化が生んだ疾患

井村裕夫／著

がん,肥満,うつ病…人はなぜ病気になるのか？ 遺伝子に刻まれた進化の記憶から病気の本質を読み解いていく,新しい医学の考え方がやさしくわかる一冊.

◇定価(本体 4,200円+税) ◇B5判 ◇239頁 ◇ISBN 978-4-7581-2038-8

イラストで徹底理解する
エピジェネティクス キーワード事典

牛島俊和, 眞貝洋一／編

分子メカニズムから疾患,解析技術まで,"エピジェネ"の必須知識を網羅,医学・生命科学を研究するラボ必携の一冊.

◇定価(本体 6,600円+税) ◇B5判 ◇318頁 ◇ISBN 978-4-7581-2046-3

実験医学
バイオサイエンスと医学の最先端総合誌　月刊

- (特集) 毎号,今が旬の研究テーマを分野の一人者がわかりやすくレビュー！
- (連載) 実験のコツから研究生活が楽しくなるエッセイまで役立つ情報が満載！

◇毎月1日発行 ◇定価(本体 2,000円+税) ◇B5判

発行 羊土社 YODOSHA

〒101-0052 東京都千代田区神田小川町2-5-1
TEL : 03(5282)1211　E-mail : eigyo@yodosha.co.jp
FAX : 03(5282)1212　URL : http://www.yodosha.co.jp/

ご注文は最寄りの書店, または小社営業部まで